滇金丝猴、高山秘境的红唇精灵

『野性寻踪』系列丛书

赵序茅 李 明 著

江苏凤凰科学技术出版社
国家一级出版社 全国百佳图书出版单位

图书在版编目(CIP)数据

滇金丝猴：高山秘境的红唇精灵 / 赵序茅，李明著. —
南京：江苏凤凰科学技术出版社，2019.6
(野性寻踪)
ISBN 978-7-5537-9235-4

Ⅰ. ①滇…　Ⅱ. ①赵…　Ⅲ. ①金丝猴—青少年读物
Ⅳ. ①Q959.848-49

中国版本图书馆 CIP 数据核字(2018)第 103537 号

滇金丝猴　高山秘境的红唇精灵

著　　者	赵序茅　李　明
策　　划	左晓红
责任编辑	安守军　王　岽
责任校对	郝慧华
出版发行	江苏凤凰科学技术出版社
出版社地址	南京市湖南路 1 号 A 楼，邮编：210009
出版社网址	http://www.pspress.cn
照　　排	江苏凤凰制版有限公司
印　　刷	南京新世纪联盟印务有限公司
开　　本	890 mm×1240 mm　1/32
印　　张	5.625
版　　次	2019 年 6 月第 1 版
印　　次	2019 年 6 月第 1 次印刷
标准书号	ISBN 978-7-5537-9235-4
定　　价	32.00 元

前　言

在中国的西南部，横断山脉从海拔1 000米猛然升到了5 000米，来自太平洋和印度洋的暖湿气流在这里聚集。从青藏高原发源而来的怒江、澜沧江、金沙江在横断山系的崇山峻岭中穿行，形成三江并流的景观。在中国的神话中，高山流水环绕的地方，就是神仙的居住之地。生活在这里的傈僳族人中流传着这样一个传说：在澜沧江和金沙江之间的崇山峻岭中，生活着一群神秘的精灵，那便是它们的祖先——滇金丝猴。

此猴聚天地之灵气，吸日月之精华，它们长着一张很像人类的脸，尤其是那一对肉肉的猩红嘴唇。这是除了人类外，少数拥有红嘴唇的动物之一。虽然被叫做滇金丝猴，可是它们身上并没有“金丝”，取而代之的是一身黑白灰相间的毛，如同高山上修行的道士。

《西游记》中说，东胜神洲有一国名曰傲来国，国近大海，海中有一座名山，唤为花果山。花果山乃孙悟空的出生地，它在花果山称王称霸。有诗为证：

三阳交泰产群生，仙石胞含日月精。
借卵化猴完大道，假他名姓配丹成。
内观不识因无相，外合明知作有形。
历代人人皆属此，称王称圣任纵横。

一提到猴，人们自然会想到那威风凛凛、一呼百应的美猴王。《西游记》中，美猴王领一群猿猴、猕猴、马猴等，分派了君臣佐使，朝游花果山，暮宿水帘洞，合契同情，不入飞鸟之丛，不从走兽之类，独自为王，不胜欢乐。

然而在滇金丝猴的世界里是不存在猴王的。滇金丝猴按群生活，每个猴群都拥有自己的地盘。猴群的社会由一个个小家庭（繁殖家庭）组成，每个小家庭由一只当家的大公猴（主雄猴），和它的多个老婆以及孩子们组成。在各个小家庭之外还存在一个特殊的家庭，全部由单身的雄猴组成，学术上称之为全雄单元，俗称“滚滚群”。

世界上的灵长类动物多发源于非洲。其中大多分布于低海拔地区，而滇金丝猴似乎是个例外，它们长期生活在温带海拔2500 ~ 4200 米的高山之上，是除了人类之外分布海拔最高的灵长类动物。千百年来，滇金丝猴长期生活在人迹罕至的高山峻岭之中，过着世外桃源般的生活，除了当地居住的少数民族外，很少有人知道它们的存在。

1890年，两名法国人，苏利耶（R. P. Soulie）和彼耶（Monseigneur Biet）在云南德钦县境内组织当地猎人捕获了7只滇金丝猴，并将其头骨和皮毛送到巴黎博物馆。1897年，法国动物学家米尔内－爱德华兹（Milne-Edwards）根据这些标本，对滇金丝猴首次进行科学描述，并以采集者的姓“Biet”将其正式命名为*Rhinopithecus bieti*。至此，滇金丝猴这一物种才被世人知晓！除了中文名、拉丁名外，滇金丝猴还有一个英文名叫“black and white snub-nosed monkey”（黑白仰鼻猴），更符合它的特征。

滇金丝猴被命名之后就渐渐淡出人类的视野。而当滇金丝猴再次出现在人类视野中的时候，它们的种群已经岌岌可危了。20 世纪六七十年代的时候，猴群附近的居民还在靠打猎为生。山里的野生动物都是他们猎杀的对象，滇金丝猴自然也不例外。那个时候，滇金丝猴皮毛很值钱，肉还可以吃，骨头也可以入药。面对猎人们的围剿，滇金丝猴难以躲避，一只只被杀害。只有那些最机灵的猴子，躲到深山里人类无法到达的区域，才幸免于难。以当时的情况，如果不加以保护，滇金丝猴迟早会从地球上消失。

20 世纪 80 年代，随着动物研究者、保护者的努力，滇金丝猴的命运迎来转机，它们成为国家一级保护动物，在人们心目中一跃成为经常与大熊猫相提并论的国宝。而滇金丝猴生活的地方也被严格保护起来，成立了一个个国家级或者省级保护区，从北到南分别为：红拉雪山国家级保护区、白马雪山国家级保护区、云岭省级保护区、天池国家级保护区。由此，滇金丝猴的命运转危为安，随着近 30 年的保护，它们的种群也在慢慢恢复。根据我们最近的调查，滇金丝猴的数量达到 3 000 多只，共有约 8 个种群，它们分布在从云南西北到西藏的高山密林里。

赵序茅

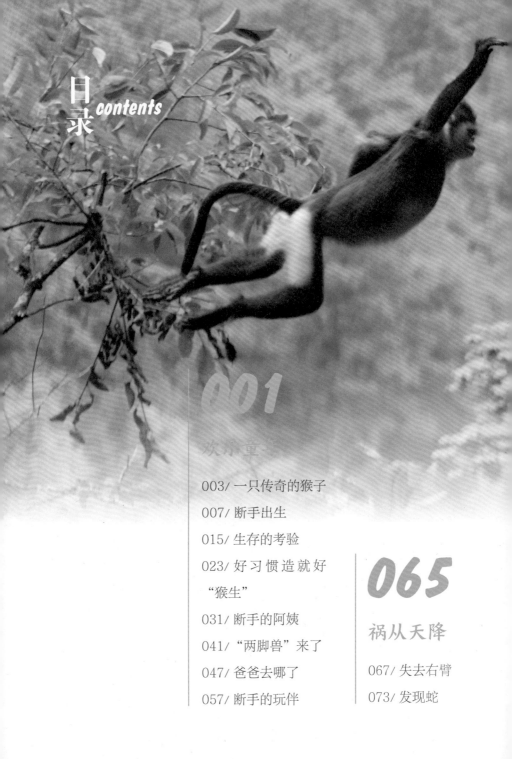

目录 contents

079

闯荡天涯

127

成家立业

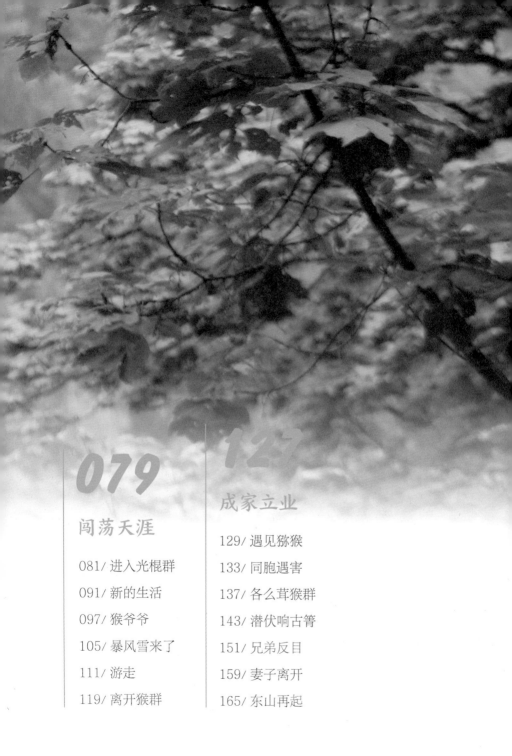

欢乐童年

断手的童年是幸福的，妈妈疼，阿姨爱。它无忧无虑地玩耍，对世界充满了好奇。

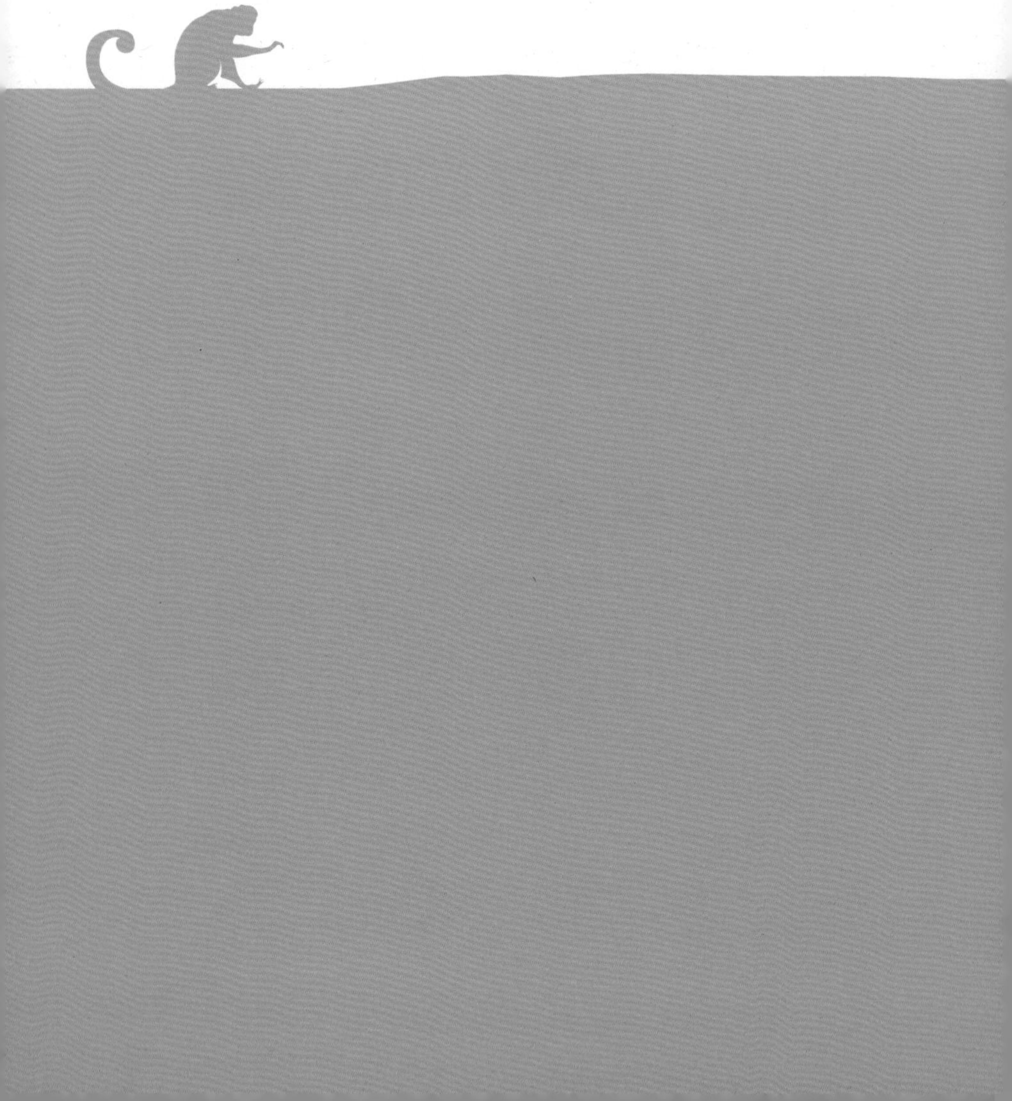

一只传奇的猴子

在白马雪山，有一只断了手臂的猴子，它历尽艰辛成为威风凛凛的主雄猴，书写了一段传奇。

▲ 白马雪山－夏万才　拍摄

白马雪山一个叫作康普的地方，生活着一群滇金丝猴，大约 100 只，这些猴儿分属于 7 ~ 8 个小家庭。每个小家庭由一只主雄猴和多只成年雌猴（主雄猴的老婆），以及它们的孩子组成。主雄猴——也就是那些拥有老婆的成年公猴，带着自己的妻儿惬意地游走于森林中，惹得那些光棍着实羡慕。

在滇金丝猴的社会中，除了家庭，还有许多光棍。对于光棍来说，想组建自己的家庭，途径只有一个——“上位”，这意味着必须击败一个家庭的主雄猴才能取而代之。上位成功就可以拥有自己的家庭，但失败了则有可能会性命不保。在滇金丝猴群中，夺权

▲ 断手一家－夏万才　拍摄

上位时刻都在发生，往往前一秒还是威风凛凛的主雄猴，拥有交配生育的权利，下一刻就可能沦为光棍，流离失所。上位——滇金丝猴家族残酷的生存法则！

猴群中，有这样一只主雄猴，它长得威武雄壮，腰宽体阔，双耳招风雷公脸，圆眼红唇朝天鼻，虽然缺了右臂，不过这丝毫不影响它的威仪。这便是断手。按照正常人的思维，断了手臂的猴子很难找到老婆，更别说成为高等级的主雄猴了。可为何断手却如此成功？断手的“猴生”是动物界的一段传奇，它的经历还要从它出生那年说起。

▲ 成年雄性滇金丝猴－朱平芬　拍摄

博士有话说

没有金丝的“金丝猴”

长有金色毛发的是川金丝猴，滇金丝猴身上却并没有所谓的“金丝”。在分类学上，滇金丝猴和川金丝猴同属于哺乳纲、灵长目、猴科、疣猴亚科、仰鼻猴属。基于形态与生活习性上的一些差别，仰鼻猴属可分为5个种，除滇金丝猴外其余4种分别为：分布在我国四川、甘肃、陕西和湖北的川金丝猴，分布在我国贵州的黔金丝猴，分布在越南的越南金丝猴和分布在缅甸以及我国云南泸水县的缅甸金丝猴。除了川金丝猴身披金色毛发外，其他4种都没有这一特征。它们的特征是鼻孔后仰，因此又被称为仰鼻猴。

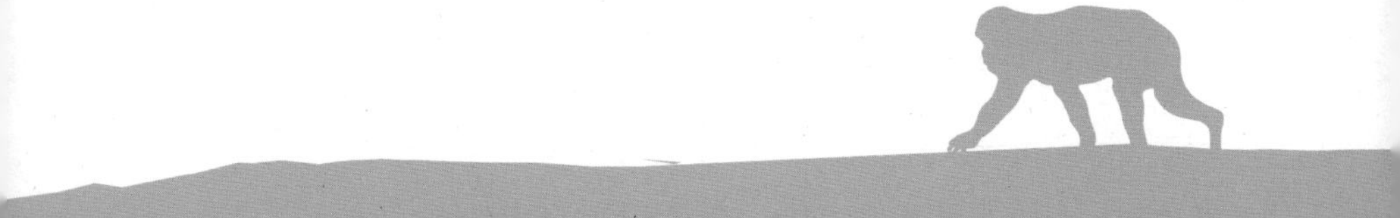

断手出生

2004 年 3 月初一天的凌晨，白马雪山的一家滇金丝猴无比兴奋，因为有一只新的家庭成员要来临了。

▲ 一个小家庭 - 朱平芬　拍摄

2004 年 3 月初的一天，白马雪山的天刚蒙蒙亮，空中飘起了雪花，格外清冷，林中静悄悄的。森林中的动物们还沉浸在梦乡中，它们在等待早晨第一缕阳光。猴群还在梦乡中，它们彼此抱着抵御夜晚的寒冷，不到太阳晒屁股，它们是不会下树的。

此刻，主雄猴施霸一家却没有时间睡大觉了，今天它们的家庭中要迎来一件大喜事。施霸是猴子中等级最高的主雄猴，它的家庭里有 6 个老婆，依次为大娘、二娘、三娘、四娘、五娘、六娘，和 2 个亚成年（相当于人类未成年）的女儿大姐和二姐。在滇金丝猴家庭中，主雄猴是家里的顶梁柱，相比成年雌猴，成年雄猴体形要大得多。一般情况下，成年雄猴的体重在 30 ~ 50 千克，成年雌猴只有 15 ~ 25 千克。

大娘经过了近 6 个月的怀孕，将要迎来分娩。滇金丝猴的怀孕期比人类的“十月怀胎”要短许多，但较其他猴子长。每年的 2 月到 5 月是猴群的生育期。滇金丝猴无论雌雄，都肚大腰圆，看起来和怀孕一样。所以不到临产期，从外表上很难看出大娘怀孕了。这其实不怪滇金丝猴，不是它们不爱运动，而是因为它们爱吃松萝、地衣、阔叶树的芽叶以及竹笋，这些食物的热量都比较低，为了保证获取足够的热量和其他营养，它们必须不停地吃、吃、吃，肚子自然被撑圆了。

大娘临产前，施霸早早带领它的家人躲进了森林中最为偏远的地方。生儿育女本应可喜可贺，可是滇金丝猴却弄得神秘兮兮的，生怕被人发现了。人云“君不秘则失臣，臣不秘则失身，机事不密则害成”。猴群生活的区域危机四伏，众猴不可不察。而婴猴的出生是猴群中最为重要的大事，此间猴群最为谨慎。在雌猴集中产仔的季节，整个猴群也停止了游走（类似于人类的搬家），开始短时间驻守。

此刻，施霸全家进入“戒严”状态，严守自己的领地。临产期间，大娘格外小心，它不能像其他姐妹一样上高爬低，也很少跑动、打闹，基本上都是在地面上活动觅食。这个时候家庭成员对于大娘格外照顾，将食物最丰富的地方让给大娘。在家人的照顾下，大娘每日的生活便是吃吃东西、晒晒太阳、睡睡懒觉、和姐妹们理理毛。

期待已久的时刻来临了，大娘有些躁动不安，它的肚子急剧起伏。肚中的胎儿出现胎动，大娘更加烦躁，发出大声的呼叫声。听到大娘的叫喊，施霸立即跑到大娘所在的过夜树上，不停地给大娘理毛。所谓的理毛有点类似人类的挠痒，但也不全是。滇金丝猴皮肤会分泌一种含有盐分的颗粒物，它们通常会用手挑出这种颗粒物，然后吃下去，既可以补充体内盐分，又可以缓解不适，可谓一举两得。此外，理毛还是一种表示友好的社交行为。看不出，平日里高傲的施霸今天竟然如此温柔。

施霸给大娘理完毛后，找到一处枝桠，站在上面摇了摇，晃了晃，感觉比较平稳了，就把大娘接了上来。显然，它将这个枝桠用作大娘的产房。随后，施霸的另外几个老婆二娘、三娘、四娘、五娘、六娘也相继赶来了，它们将大娘围了起来。去年出生的 2 只小猴不知发生了什么事，也挤过来，跳上跳下看热闹。施霸在斜出的粗树枝上不停地走动，警惕地向四周张望，进行警戒。

中午，大娘轻轻地扭动身体，发出轻微的叫声。随后，大娘开始大声尖叫，婴猴头部露了出来。这时家庭中的其他雌猴用双手把婴猴从大娘的产道里拉出来，大娘随即咬断脐带。大娘整个分娩过程非常短暂，仅仅 5 分钟左右。婴猴顺利出生，这是一只小雄猴，

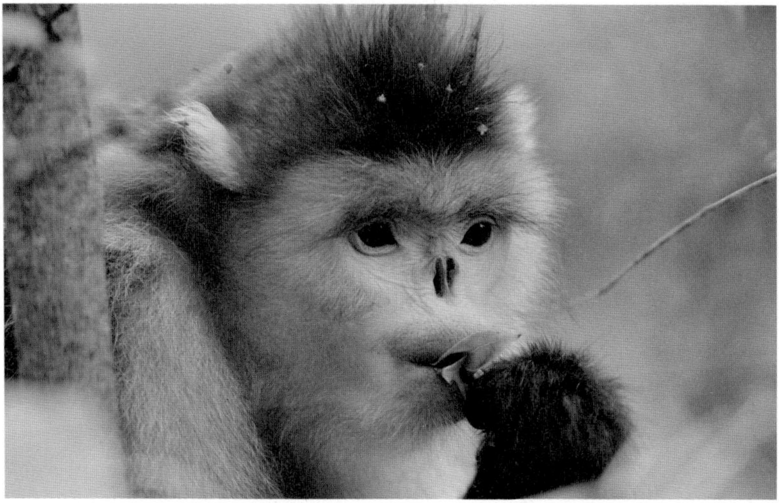

只有巴掌大小，体重约 500 克，浑身雪白，只有头顶和背部有少许黑色毛发。它就是断手，当然了，刚出生的它手臂完好无损。

随后，大娘舔净沾在断手身上的分娩分泌物，接着将分娩时带出的脐带、胎盘、羊膜等一并吃掉。这么做不仅可以补充体力还可以消灭分娩的痕迹，减少捕食者的关注，从而保护幼崽。

自从断手出生后，它就开始接受大自然的考验。并不是每一只猴子都可以顺利长大，它们的成长之路极其坎坷，只有顽强的猴子才能存活下来。接下来，断手要面临怎样的生存考验呢？

▲ 大个子与儿子 – 夏万才　拍摄

博士有话说

走进猴群识猴子

中科院动物研究所灵长类研究组在云南白马雪山塔城镇响古箐村建立了一个滇金丝猴研究基地。我们在野外研究滇金丝猴，要做的第一件事情就是认识那里的每一只猴子。这说起来容易，做起来难。因为，乍一看猴儿们都长得差不多，很难识别。而慢慢观察一段时间后，你会发现这里的猴子们各有特点。我们就根据猴子的面部或者身体上的特点，给每一只猴子取一个名字。你看这只猴子，嘴巴上有个伤疤，我们叫它大花嘴。旁边的一只猴子，它的嘴巴上有个红点，我们叫它红点。

这边坐在树桩上专心觅食的是大个子，它因个头儿大而得名，在猴群中也是非常有地位的。之前，大个子凭借它那强健的体魄，敏捷的身手，很快成为响古箐地区的“扛把子”（老大），直到后来大花嘴崛起，才取代了它的地位。

非人灵长类动物多在晚上或者早晨生育，为什么滇金丝猴在白天分娩？

过去研究发现的许多非人灵长类动物都是晚上生育，而丁伟博士和于凤琴女士发现两起滇金丝猴白天生育的案例。对于滇金丝猴而言，白天分娩不但可以让母猴尽快觅食，还可以直接或者间接地获得其他成员的帮助。滇金丝猴和人类一样，分娩过程中初产的雌猴会得到家庭中其他雌猴的帮助。其他雌猴在关键时候的助产可以降低婴猴的死亡率，会使整个猴群受益。之所以互相帮助，这是由于成年雌猴会继续待在同一个猴群中，它们会形成密切的亲缘关系。

▼ 两只婴猴 - 朱平芬　拍摄

生存的考验

对于刚刚出生的小猴子来说，这个世界是多彩而残酷的。不过好在有那么多亲人让小猴子的童年生活充满温暖。

▲吃奶－夏万才 拍摄

在滇金丝猴的社会中，母猴隔一年生育一次，一次仅产下一胎，每个小猴都无比金贵。猴群中每年有众多的小猴出生，但并不是所有的小猴都能顺利长大。1 岁以下的婴猴死亡率高达 60%，1 岁之后死亡率开始下降。断手虽然来到这个世界，但能否活下去，还取决于外界的环境和自身的家庭。

断手出生后的第一天，毛发仍然是湿润的。它虽然能够睁开眼睛，但大多数时间都闭着眼。它头颈无力，有时大娘会扶着断手的头使其能够含着乳头。此时，断手仅能进行如转动脖子这样的少量活动。第二天，断手身上的毛变得干燥蓬松，开始在母亲怀里活动探索，但仍然保持与母亲腹—腹接触的状态。随后的一周内，断手的活动迅速增多，它在大娘怀里爬动，并试图爬出母亲的怀抱。此时，大娘都会紧紧抱住它，使其无法爬出。

在滇金丝猴的社会中，母猴隔一年生育一次，一次仅产下一胎，每个小猴都无比金贵。猴群中每年有众多的小猴出生，但并不是所有的小猴都能顺利长大。1 岁以下的婴猴死亡率高达 60%，1 岁之后死亡率开始下降。断手虽然来到这个世界，但能否活下去，还取决于外界环境、自身家庭等诸多因素。

此时的断手面临的第一大生存考验便是恶劣的天气条件。3 月的白马雪山依旧寒冷，尤其是夜晚，温度在零度以下。对于出生不久的断手而言，这是一个严峻的考验。刚刚出生的婴猴毛发稀少，对气温变化很敏感。幸好有妈妈在，大娘把断手紧紧抱在怀里，给它提供一个最温暖的港湾。

除了恶劣的天气，是否有一个有经验的妈妈，也是婴猴面临的一大生存考验。那些头胎生育的母猴因为不会照看孩子而导致婴猴死亡的例子比比皆是。

断手是幸运的，大娘之前已经生过两个孩子了，对于如何照顾孩子非常熟练。在滇金丝猴的世界里，从母猴携带孩子的方式就可以看出它是否有带孩子的经验。猴子和人类不一样，大娘“坐月子”的时候可没有其他猴来伺候，它必须自食其力。大娘必须想个办法，既要看好孩子，又不影响自己活动、觅食。要想二者兼顾，大娘就要在携带孩子的方法上下功夫。大娘把断手带在腹侧，让断手的四肢紧紧抓住自己的毛发，身体的朝向与自己一致，脑袋刚好在胸前。这样不管大娘是否有精力照看婴猴，只要断手感到饥饿，都可以主动吸乳填饱肚子。

这种携带方式好处有三：第一，不会影响大娘的日常行动，如走动、取食、社交；第二，可以保护断手免受天敌和猴群其他个体的攻击；第三，可以使孩子保持与社群的接触，有助于断手与其他个体建立社会关系，帮助断手模仿和学习成年个体的行为。由此可见，在滇金丝猴的世界中，抱孩子也是一门学问。

除了寒冷的天气和母亲的经验外，断手面临的第三个生存考验来自它自己的好奇心。此时它对外面的世界充满了好奇，很想到处走一走，看一看。可是，断手身体柔弱，抓握能力不够，没有自我保护能力，简单的日常活动也容易受到伤害。比如它的活动能力较差，容易从树上掉落，可能摔伤或死亡；自我防御能力也很低，如果受到种群内其他个体的攻击，很容易受伤或死亡。

好在断手有一个好妈妈。每当断手做出出格的举动时，大娘立即把它抱起来，轻轻拍打几下，让它知道哪些事情可以做，哪些事情不可以做。大娘不会任由断手胡闹，大多数时间把它抱在怀里，因为只有怀里才是最安全的。此外，当猴群中发生冲突行为时，即使冲突并不是针对断手，大娘也会迅速将其抱起并躲避。当那些大

▲ 理毛 - 夏万才　拍摄

雄猴靠近断手时，大娘还会对它们发出威胁。

玩累了，闹够了，断手饿了，它就在大娘的怀里吃奶。滇金丝猴是哺乳动物，和我们人类一样，小时候靠喝妈妈的奶水长大。乳汁含有大量的营养，能够保证婴猴的能量需要。乳汁还有一项神奇的功能，里面含有相应的免疫性抗体，帮助婴猴增强抵抗力，以便更好地在复杂的自然环境中生存。猴群休息的时候，断手通常会把乳头含在嘴里。断手在 1 岁之前都是靠着妈妈的乳汁生活，很多小猴 1 岁之后，还经常含着妈妈的乳头，这是早期的习惯使它们产生了依赖。

吃饱喝足之后，大娘还要给断手理毛。这个时期断手往往不具备自我理毛的能力，无法进行自我清洁，所以需要大娘的帮助。从断手出生的第一天起，大娘把断手抱在怀里，从头部开始用手梳理毛发。通过给断手理毛，去除皮肤表面的寄生虫、分泌物和灰尘等，可以让孩子的身体更清洁健康。每次大娘给断手理毛的时候都是它最安静的时候。在断手的成长过程中，大娘对它理毛，还是培养母婴亲情的一种方式。在大娘的照料下，断手经过了一道又一道考验，它是幸运的。但是，家人的照顾不是万能的，断手也需要自己努力去适应猴群的生活。猴群中的生活有哪些规矩，断手又应该如何去适应呢？

▲ 母子 — 朱平芬　拍摄

博士有话说

母婴关系

为了研究滇金丝猴的母婴关系，2009 年 12 月至 2011 年 3 月，李腾飞博士对响古箐滇金丝猴群中的母婴关系、婴猴发育和阿姨行为进行了观察研究。2010 年，响古箐猴群共出生 10 只婴猴，最早出生的婴猴为一点红家庭中的小二，出生日期为 2010 年 2 月 9 日，最晚出生的婴猴为小圣家的小六。李腾飞博士选取了其中的 6 对母婴作为观察对象。在观察期间内，发现滇金丝猴母亲只有在婴猴 1 月龄和 2 月龄时，才会限制孩子活动。3 月龄后，母猴就允许婴猴独立活动。1 月龄的婴猴不具备独立活动的能力，却经常试图挣脱母猴的怀抱，这个时候母猴会严加看管，因为一旦放任后果不堪设想。在白马雪山国家级自然保护区的记录中，就有几例 1 月大的婴猴从树上摔下来死亡的情况。2010 年李腾飞博士也发现一只婴猴意外掉落而亡。

宽松的育幼模式

滇金丝猴母亲采取较为宽松的育幼模式，可能与其社会结构和食性相关。滇金丝猴能够取食的植物种类较多，其中主食松萝在冷杉林中大量生长，分布均匀。因而，滇金丝猴可以相对容易地填饱肚子。都有吃有喝的，猴群中个体间的关系自然比较缓和，很少为了食物发生争斗。由于猴群中关系相对和谐，母猴在育幼过程中不需要花费大量的时间和精力来保护幼仔，所以给予婴猴更多宽松和自由的空间。在科学上，滇金丝猴育幼模式被称为放任型——母亲对婴猴的保护性不强，拒绝程度较低。但值得一提的是，母猴的育幼模式不是一成不变的，可能受到栖息地环境、食物状态、母猴的生育状态等多种因素的影响，母猴在婴猴发育的不同阶段也可能会采取不同的育幼策略，不同的母猴也会采取不同的育幼方式。

好习惯造就好“猴生”

猴群中有许多规矩等着小猴子去学习。正是这些规矩才让猴群生活有条不紊。

▲ 婴猴 - 朱平芬 拍摄

“人间四月芳菲尽，山寺桃花始盛开。”天气渐暖，植物开始发芽、长叶，食物慢慢充足起来。这个季节，断手一家喜欢采集红花五味子、云南铁线莲、绣球藤等树木的嫩叶，还有耳叶凤仙花、锐齿凤仙花、高山凤仙花、疏毛猕猴桃、华椴的花朵。1 个月大的断手，行为能力变强了，不过依旧无法完全脱离母亲的怀抱，它只能在母亲一臂之内的地方活动。这个期间里，断手在家人的帮助下慢慢养成良好的生活习惯，为以后的“猴生”打下基础。

断手对外界充满了好奇，它开始试图触摸外界的一切事物。对于不熟悉的东西，它总喜欢看一看，闻一闻，或者放到嘴里尝一尝。滇金丝猴是集体生活，断手还必须学会集体里的生活秩序。

好习惯造就好“猴生”，断手从小就要习惯猴群的生活规律。而断手学习的方式就是模仿那些大猴子们的生活。这个阶段，断手要学的很简单，归纳起来八个字：按时吃饭、按时睡觉。

“没有规矩不成方圆，没有纪律散沙一盘”。日常生活中猴群的生活极有规律，它们集体行动异常协调。断手作为群体中的一员，它要和集体的步调保持一致，群体里不允许特立独行。

断手一家每天早上八点左右从过夜树上醒来，起来到觅食地寻找吃的。到了中午吃饱喝足后，全家开始午休。这个时候就到了断手进餐的时刻。大娘在树上休息，断手躺在妈妈怀里，尽情地吸吮乳汁。吃饱了之后，再在妈妈怀里美美地睡一觉。午休结束后，猴群开始下午的生活，它们依旧把吃放在第一位。滇金丝猴的主要食物来自松萝以及其他植物的叶和果实，这些食物能量含量低，需要多吃才能满足一天的活动消耗。因此，一天之中，断手一家有一半左右的时间在“吃饭”。猴群的活动规律和它们的食物特点、自身消化机理及周围环境温度是密切相关的。为了最大量地摄取食物，它们上午、下午各有一个取食高峰。中午长时间休息，可以更好地消化食物。对于昼行性的滇金丝猴来说，夜晚意味着一切活动的停止。

晚上，忙碌了一天的断手一家要在冷杉林中睡觉。它们可不是随便找个地方倒头就睡，睡觉的地方是很有讲究的。猴群要选一块

▲婴猴吃奶－朱平芬　拍摄

安全的地方，然后以家庭为单位选择过夜树。一般来说，它们会选择在枝叶繁茂的大树上休息，这样既能遮风避雨，又可以躲避天敌的袭击。一般情况下，一个家庭的成员占据一棵过夜树，聚在一起休息。

除了这些生活习惯外，断手还需要知晓其中的秩序——长幼有序。断手家行动步调高度统一，它们进入夜宿地有着明显的顺序。猴子家庭里也讲究尊老爱幼，大娘携带断手走在最前面，最先进入过夜地，爬上过夜树。紧随其后的是断手的阿姨和姐姐们，最后进入过夜地的是强壮的爸爸。爬上过夜树后，大娘带着断手，选择一个宽大平坦的树枝坐在上面，抱着断手睡觉，阿姨们也会凑过来和大娘紧紧地挨在一起，把断手夹在中间，大猴们抱成一团垂头而眠。这种抱团而睡的习性是出于御寒的需要。不过有些时候，各个家庭的主雄猴也会因为争夺睡觉的地方发生争执。滇金丝猴通常进入过夜树的行动很迅速，在这个过程中，经常能够听到少年猴和婴猴为寻找舒适的过夜处而发出的声音。从进入过夜树到猴群完全入睡，猴群中不断会传出主雄猴间的打斗声，这可能是家庭单元之间为争夺理想的过夜树而发出的声音。

滇金丝猴栖息的地方海拔极高，昼夜温差大，抱团睡觉减少了它们身体暴露在外的面积，维持身体的温度。奇怪的是，施霸看起来有些另类，它并不和大伙一起抱团睡觉，而是自己单独休息。爸

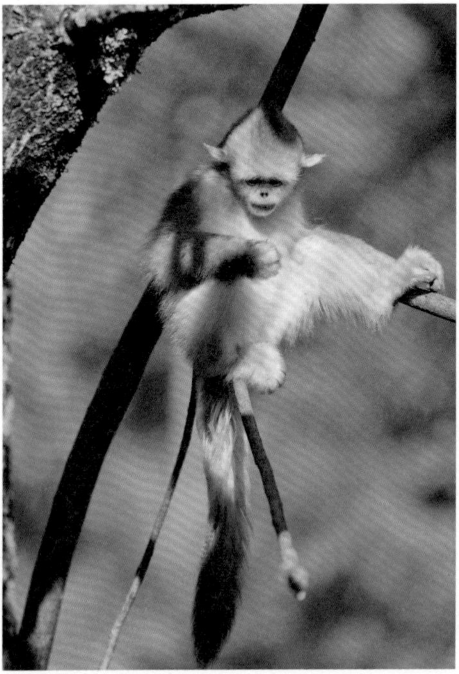

爸这样做有它的考虑，滇金丝猴群雄性“家长”独自睡觉便于在夜晚更好地照顾和管理家庭中的个体。有些猴白天没有玩够，精力过剩，晚上睡觉前还要闹腾会儿。人有“春困夏乏秋打盹”之说，断手一家的睡眠时间同样因季节而异。一年中，它们的平均睡眠时间为 11.5 个小时。夏季睡觉时间最短，为 10 个小时；冬季睡眠时间最长，达 13 个小时；春季和秋季的睡眠时间居中，分别为 12 个小时和 11 个小时。

断手渐渐适应了家庭的生活，它幸福而快乐地成长着，接下来，它还将面临幸福的烦恼。

▲ 一个小家庭 - 朱平芬 拍摄

博士有话说

猴群夜宿行为

对滇金丝猴夜宿行为的研究，将有助于人类更好地了解和认识这一濒危非人灵长类动物，弥补白天无法收集到的社会活动和社会关系信息，从而更为全面地理解非人灵长类动物的社会行为，有助于对它们进行长期有效的保护。从 2008 年 6 月到 2009 年 5 月，黎大勇博士每个月收集 5 天猴群夜宿行为。研究期间，黎大勇博士共记录到 60 次猴群的睡前行为。整个研究过程中，猴群的平均入睡时间为 20.2 分钟。为了在夜晚更好地保护幼体不受伤害，家庭单元中带婴猴的成年雌性通常最先进入过夜树 (59.4%)，成年雄性“家长”一般最后进入过夜树。睡觉的时候，滇金丝猴分为独自睡觉和抱团睡觉两种形式。研究过程中发现，独自睡觉的个体为家庭单元中的主雄猴，也有少数为成年雌猴和少年猴。整个研究阶段，未发现单独睡觉的婴幼猴。滇金丝猴群家庭主雄猴独自睡觉能为雄猴提供空间上的优势，便于它们在夜晚更好地照顾和管理家庭成员，同时也可以及时发现和驱赶入侵的雄猴。

滇金丝猴为何会抱团睡觉？

滇金丝猴抱在一起睡觉主要是为了取暖。它们生活在寒冷的高山森林中，这些地方昼夜温差大，即便是夏季夜晚也非常冷，更不用说冬季了。因此，家庭成员常抱在一起休息相互取暖。主雄猴的毛发长，单独睡也可以。有意思的是，滇金丝猴抱团睡觉的规模和外界的温度变化有关。越冷的季节，就有越多的猴儿抱在一起睡觉。冬季抱团睡觉的规模最大。猴儿们晚上睡觉抱在一起也是有讲究的。成年雌猴带着婴猴和青年猴多抱在一起睡觉，这样可以给未成年的猴儿更多温暖，也可以减少婴猴从过夜树上掉下来的危险。此外，和谁抱着一起睡也讲究亲疏远近，有亲缘关系的猴儿多抱在一起睡觉。当然，年龄也是影响滇金丝猴抱团睡觉的一个因素。各个家庭中相同年龄段的少年猴喜欢抱在一起睡觉。抱团睡觉加强了滇金丝猴家庭个体间的亲密关系，有利于家庭的稳定。

断手的阿姨

幼年的断手深受阿姨们的喜爱，总是能得到它们的照顾。可是有时候阿姨们也会好心办坏事，这是怎么回事呢？

▲ 阿姨行为 – 朱平芬　拍摄

5 月，白马雪山的高山杜鹃进入一年中最繁盛的时间。美丽的杜鹃花，经过一个冬天的沉淀，给春天的山岗披上了彩色的盛装。洁白如雪的大白花杜鹃，热情似火的马缨杜鹃，它们用壮丽的生命延续着多彩的花期，演绎着生命的接力。那一朵朵盛开的花，经过寒冬风雪的洗礼，深藏着日月轮替的精华，保存着山川云雾的灵气。

此时断手 2 个月大了，它开始熟悉了猴群的生活。随着断手力量的增强，猴群移动的时候断手完全可以独立抓握住母亲的皮毛。

断手是很幸福的，除了自己的母亲对它疼爱有加外，家中的阿姨和姐姐们也很照顾它。在很多群居的非人灵长类动物中，母亲以外的其他雌性成员也会对婴猴产生浓厚的兴趣，甚至会表现出各种照料行为，这被称为阿姨行为或拟母亲行为。姐姐和阿姨们经常抱着断手，为它理毛、喂奶。

断手的三娘今年没有生育，可它对断手格外照顾。因为明年三娘可能就要当妈妈了，它要抓紧机会在生小猴前多练练手，找找当妈妈的感觉，所以时不时把断手拽来抱一抱，带它走走路，给它理理毛。这些行为对于初次生产前的三娘来说，都是宝贵的产前育幼经验，这样的经验越多，当它面对自己的第一个新生儿的时候也就越从容。从长远的角度来讲，这样做可以提高它们初产新生儿的存活率。在断手家，它那即将成年的姐姐、它的几个阿姨都对断手照顾有加。

▲ 杜鹃花 - 朱平芬　拍摄

然而，断手的阿姨们有些时候也会给断手母子添乱。在中午和下午觅食高峰的时候，大娘希望阿姨们能抱抱断手，减轻自己的负担。可是，那个时候阿姨们都在忙着觅食，无暇顾及断手。而中午休息的时候，断手在妈妈怀里吃奶，这个时候热心的阿姨跑了过来，把断手抱走。大娘极为不情愿，断手也不情愿。因为阿姨们没有乳汁，它无法填饱肚子，它想回到妈妈的怀抱。有些时候，断手刚被抱走，就哭着喊着要找妈妈了。它这一哭闹，阿姨们的行为就变成“绑架”行为了。

有一天中午，断手正在大娘怀里吃奶，三娘过来将其抱走。大娘赶紧过来，一把把断手抢了回来，对着三娘呲牙咧嘴，发出恐吓，仿佛在说“以后不要碰我的孩子”；而三娘却显得一脸无辜。在这段时间里，阿姨抱走断手往往是好心办坏事，不仅不能减轻母猴的负担，甚至可能会影响断手成长。大娘也知道自己的妹妹们疼爱孩子，可是对于它们的添乱，大娘也不开心。

三娘还没有孩子，它想过一把当妈妈的瘾，也情有可原。可是去年生育的四娘和五娘也凑过来抱断手，就有些耐人寻味了。其实，四娘和五娘仅仅是喜欢孩子，它们对断手的照料并没有特殊的原因，只是一种单纯的母爱行为。可爱的断手对所有雌性个体都有吸引力。

随着断手逐渐长大，阿姨们照料的次数也逐渐变少了。与阿姨的关照相反，断手越大越黏人。断手喜欢缠着阿姨玩，时常围着阿姨和姐姐们转，有时对着它们撒娇，要求抱抱。断手通过与家人的接触，建立良好的亲缘关系，这对未来的行为发展和社会交往都具有重要的意义。

不久，断手不再孤独，它即将有新的玩伴。断手的六娘快要生育了。

六娘分娩的时候，家庭成员都围在一起，断手待在母亲的怀里，观察着眼前的一切。今年是六娘第一次生育，没有经验，分娩后，它不知道脐带该截多长。看到孩子出生后，六娘格外兴奋，一口将脐带咬断。这是一只雌猴，取名阿花。六娘觅食时一直抱着阿花。猴群比较和谐，家里都将食物最丰富的地方让给有孩子的大娘、二娘和六娘。虽然有了孩子，但这并不影响六娘的活动，它依旧可以在树上来去自如。阿花出生的第二天，六娘在一棵树上跳跃的时候，阿花耷拉出来的脐带缠在树上了。可是，六娘并没有察觉，依旧跳跃。

只听到阿花"哇"的一声惨叫，它的脐带连着肠子一起被拉了出来，场面非常血腥，断手害怕极了。六娘见状不妙，可是悲剧已经无法挽回，它紧紧地抱着阿花。阿花在六娘怀中，不停地嚎叫，那声音甚是凄惨。看到此景，施霸一家都围了过来。六娘抱着阿花，大娘想过来替六娘抱会儿，被六娘拒绝了。它紧紧抱

▲ 雌猴携带死婴 – 李腾飞　拍摄

着阿花，不让家庭任何成员触摸。但不幸的是，六娘没能挽回阿花的性命。下午时分，阿花已经没有了呼吸，它安静地躺在六娘的怀中去世了。

六娘不肯接受阿花死去的现实，依旧将其抱在怀中。在阿花死去的第二天，六娘好像什么事情都没有发生一样，携带着自己那可怜的孩子出门活动。不管是取食还是移动，它都用一只手抱

▲ 雌猴携带死婴 – 李腾飞 拍摄

▲ 死婴 – 李腾飞 拍摄

着阿花。

中午猴群休息时，六娘还抱着死去的阿花爬上树，像活着的时候一样为它理毛。下午，六娘抱着阿花坐在丈夫施霸的身边。可是，施霸对六娘怀里的死婴没有兴趣。即便是活蹦乱跳的断手，施霸也是爱答不理。不过，断手对于六娘怀里的小妹妹倒是非常好奇。它屁颠屁颠地跳到六娘面前，望着它怀里的死婴。而往日温柔的六娘竟一改常态，冲着断手发出了威胁，断手惊慌失措，立即逃离。

当晚，断手随着母亲一起到过夜树，而失去孩子的六娘并没有跟随猴群来到夜宿地，它独自在外夜宿。第二天，死去的阿花就不见了踪影，六娘与家庭里的其他同伴一起取食、休息，没有表现出明显的异常行为。当六娘再次看到断手的时候，它的态度突然来了个大转弯，前几天还对断手大吼大叫，现在却像看到了自己的孩子一样，又是拥抱，又是理毛。

断手经历了妹妹阿花的死亡，它第一次感觉到，原来死亡离自己是如此之近。

博士有话说

▲ 携带死婴 – 李腾飞　拍摄

母猴携带死婴

李腾飞博士在响古箐404天的观察时间里，共记录到了3次婴猴死亡的案例，有两例母猴携带了死婴。另外一例是早产的婴猴，生下来就死去了，母猴直接抛弃，并未携带。

2010年3月初，响古箐猴群双疤家庭中的大福生了个小雄猴——小一。1个月后，小一死去了，死因不明，尸体表面没有可见的伤痕。小一死后，其母大福依旧抱着它，不肯抛弃。大福总是把小一紧紧地抱在胸前，就像它仍活着一样，对其照顾有加。在其后的几天里，大福无论走到哪里，都会一直带着小一的尸体。家庭中小一的姐姐——一只亚成年雌猴靠近大福，对大福怀中的小一的尸体非常好奇，盯着小一约10秒，但是并没有试图碰触。即便如此，大福也不让它靠近，又是呲牙又是瞪眼，把小一的姐姐吓坏了。奇怪的是，除了小一的姐姐外，家庭里的其他成员对小一都不感兴趣。显然，它们知道这个婴猴已经死去，否则这些馋孩子的阿姨们不会对小一置之不理。

大福似乎一直没觉得小一已经死去，还是跟平常一样照看它。猴群休息的时候，大福和家庭中其他成员一样，携带小一爬上树，睡前继续为它理毛。有一次，大福把小一轻轻地放在地上，独自爬上一棵树采集松萝。30秒之后，大福回头望了望地下，发现小一消失了。原来是路过的护林员发现死去的婴猴，悄悄地将尸体掩埋了。可是大福不知道实情，它在树冠上四处张望、寻找，并发出“哇——哇——”的叫声。

滇金丝猴母亲为何携带死婴呢?

近年来，研究者开始关注非人灵长类动物对死亡的认识。其中，母亲对死亡婴猴的态度更是引起了广泛的注意。在日本猴、狮尾狒和黑猩猩中，都发现了母亲携带死亡婴猴的行为，持续时间可能为 1 天至几天，也可能长达 1 个月甚至以上。这种行为在表面上看来是毫无意义的，尸体的腐烂甚至可能会对母亲造成损害，如传播寄生虫、传染病等。

根据我们观察到的 3 个案例，滇金丝猴母亲携带死婴的时间和婴猴存活的时间有关，婴猴存活的时间越长，死后母亲携带的时间就越长。这种变化趋势可能与母亲的内分泌变化有关，母亲在妊娠期间和产后的激素水平会促使母亲对婴猴产生“母性”，从而照料幼崽。这种联结既是生理性的，也可能是心理性的，母亲产后与婴猴共同生活的经验，与内分泌系统共同作用，使母亲与婴猴产生强烈的情感联结。所以当婴猴死亡后，母亲仍然在生理和心理上都无法舍弃婴猴。

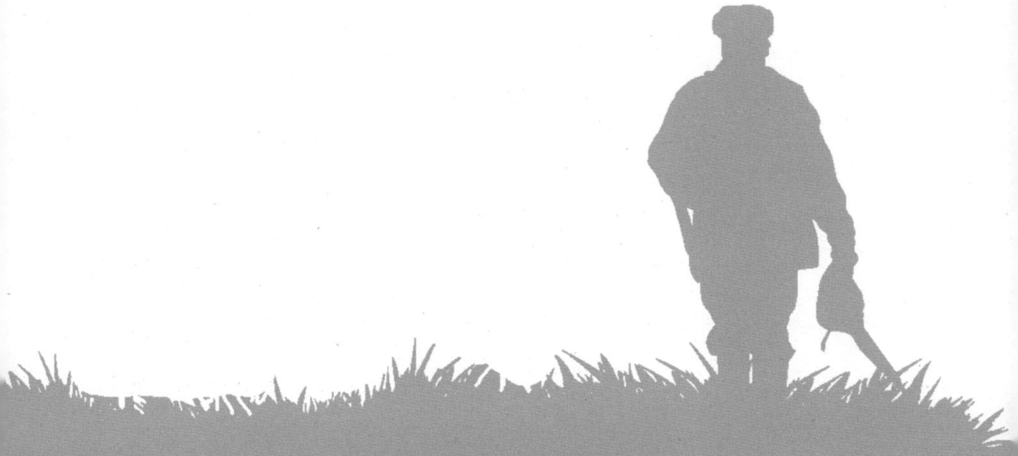

“两脚兽”来了

采集冬虫夏草的季节来了，森林了来了许多人类。这些“两脚兽”给猴群带来很大困扰。

▲ 春季的白马雪山 – 朱平芬　拍摄

春季是猴群的生育季，为了照顾小猴，猴群放缓了游走的步伐。可是“猴算”不如天算，5 月份的白马雪山，猴群里将迎来一场大的变故。

一种似草非草、似虫非虫的东西冒出了地面，它叫冬虫夏草，生长在海拔 4000 多米的地方。冬虫夏草本来仅仅是猴群附近生长的一种普通物种，可是人类却把它们当作宝贝。每年的 4~5 月份，冬虫夏草长出来的时候，附近的村民便会三五成群，进山采挖冬虫夏草，挖上一棵就可以卖 10 元钱。然而，人类进山采挖冬虫夏草，给滇金丝猴的正常生活带来严重的干扰。

滇金丝猴非常害怕人类，尤其是在春季生儿育女的时候。在猴群眼中，人类是一种极其危险的“两脚兽”，在 20 世纪 90 年代之前，滇金丝猴的很多同伴就死于人类之手。它们对于人类的惧怕代代相传，就像防范天敌一般防范人类。

有一次它偷偷地看了一眼，这些“两脚兽”身材高大，比它们群中最大的主雄猴还要高大。断手不知道这些“两脚兽”是干什么的，只是每一次出现的时候，家庭里大猴们都非常紧张。猴子也存在学习行为，它们会把这种对于“两脚兽”的认识传递给彼此的后代，从某种意义上讲这也是滇金丝猴猴群的文化。

每次“两脚兽”在附近出现的时候，猴群中最先发现的猴子就会发出警报声。每当这个时候，断手的妈妈就会把它抱在怀里，往树上转移。大娘一把将断手抱起，立即爬到最近的一棵树上。施霸开始在下面指挥猴群撤离。但见有的猴子攀跃树冠逃跑，有的猴子躲到冷杉树冠近顶处静止不动悄悄窥视，有的则伺机下落至较低的杜鹃树丛中，而后连续攀越其树冠，沿陡峭坡面向下方转移逃避。此时几只体形很大的主雄猴依次从树上跃下地面，踩着落叶隐入坡下更远的丛林中。

通常情况下，猴群在一个地方觅食，待到食物消耗差不多的时候，再慢慢转移。转移时每天行走的路程一般也不超过 1 千米。而人类的出现改变了这种局面。只要人类经过或者靠近猴群，猴群就开始撤离。很多原本食物丰富的地方，也因为人类的出现而被猴群提前放弃。它们为了躲避，有时候一天要行走 2 ～ 3 千米。最近这

▲母子－夏万才　拍摄

段时间，“两脚兽”的活动越来越频繁，猴群几乎每隔几天都要转移一次。很多时候，断手正在吃奶，听到警报后，大娘也会立即带其离开。断手还好，行走的过程中待在妈妈怀里。家里的大猴们可就辛苦了。往往还没有填饱肚子就开始逃跑了。转移是一件很消耗体力的事情，会影响到猴妈妈进食，没有足够的食物，猴妈妈的奶水就不够，间接影响断手的生长和发育。猴群很想寻找一个“两脚兽”无法到达的地方，可是茫茫大山遍布人类的足迹，想找一块安逸的地方哪有那么容易。

猴群忍受了人类 1 个月的折腾，5 月过完，采集虫草的季节终于过去了，进山的人慢慢减少，断手一家才得以过几天安稳的日子，不用东躲西藏了。前段时间的奔波，对于断手一家的体能是一种极大的消耗，它们需要一段时间恢复。

经过近 1 个月的折腾，断手慢慢意识到，它们所在的猴群并没有想象中的那么强大，“两脚兽”才是真正强大的存在。只要“两脚兽”一出现，这里几乎所有的野生动物都会东躲西藏。断手接下来的生活还会面临哪些挑战呢？

什么是冬虫夏草？

每年5月是人们采集冬虫夏草的时候。如今虫草价格飞速上涨，丰厚的利润刺激着附近的村民。每到虫草生长的季节，附近村子里的人全部聚集到山林中，对虫草进行“大扫荡”。虫草菌属于异养生物，靠寄生生活，它诞生于一次偶然的相遇。高山上活跃着一种叫蝙蝠蛾的昆虫，每年的七八月份，它们的卵发育成幼虫。此时，恰逢虫草菌的孢子成熟，这些孢子不同于植物的种子那样只要有阳光、土壤和水分就可以生长发育，它们必须找到一个“依靠”。虫草菌散落的孢子，遇上了蝙蝠蛾的幼虫，这下终于有了一个安稳的“家”。到了冬季，蝙蝠蛾幼虫钻进土壤里蛰伏，虫草菌的孢子则在其体内积攒力量。待到来年春暖花开，虫草菌的菌丝开始不断生长，不断夺取蝙蝠蛾幼虫体内的营养。到了夏季，蝙蝠蛾幼虫的生命到了尽头，它身体的残壳紧紧地包住虫草菌柔弱的身躯。蝙蝠蛾幼虫失去了成为蛾子的机会，最终以一株“草”（实属真菌）的形式存在，这便是冬虫夏草。

爸爸去哪了

主雄猴是一家之主。主雄猴地位越高，家庭也就能享受更好的资源。所幸，断手的父亲就是一只威风凛凛的大公猴，让断手一家吃到最丰盛的食物，免于受到敌害的侵扰。

断手出生后，母亲和阿姨们都对其照顾有加，可爸爸去哪了？在断手的世界里，爸爸总是那么严肃，从来没有抱过自己，它对父亲产生了强烈的畏惧。

其实，施霸是家里的主心骨，它有自己的任务。如果家庭成员之间发生争斗，爸爸会“惩戒”家庭内发生的争斗或抢食行为，它会通过手抓或拍打参与争斗成员的背部，对其进行轻微惩罚，被惩罚者往往会发出吱吱的叫声。施霸通过此行为使家庭内部更加和谐稳定。

早晨，施霸一家在过夜树上醒来，要到觅食地取食。施霸走在前面，带着家人浩浩荡荡走向觅食地。施霸是猴群中等级地位最高的主雄猴，它可以带领家人到食物最丰盛的地方觅食。当然，有些时候也不是那么顺利，有些家庭并不愿让出地盘。这不，施霸带领家人来到昨日的觅食地。不料，另一个家庭已经捷足先登。两个家庭就此遭遇，施霸想在此处觅食，而另一个家庭并没有离开的意思，于是冲突爆发了。家庭与家庭关于地盘的争夺，主要取决于主雄猴。众猴纷纷将目光投在两只主雄猴身上。

等级更高的施霸呲牙咧嘴，向对面的主雄猴发出咆哮，这是向它发出警告，也希望能够不战而屈人之兵。可是这次施霸碰到硬茬了，对面的主雄猴并不买账，它也呲牙咧嘴和施霸对上了。这还得了，施霸暴跳如雷，它决定要教训一下对面的主雄猴。施霸气势汹汹地冲了过去，对面的大公猴也不甘示弱，迎面上来。只见两只猴子面对面比划起来，彼此张牙舞爪，嘴里发出一阵阵咆哮。正所谓高手之间的过招，几个回合就可以看出对方的实力，不一定非得打得死去活来。果不其然，几秒钟过后，对面的猴子败下阵来。它两腿并拢趴伏在地面上，斜身抬头看向对方，嘴中发出吱吱的叫声，尾巴自然下垂，这种姿势保持了两三秒后放松，然后起身离开。施霸一家得以占据这块地盘觅食。当两只主雄猴之间发生冲突时，还经常可以看到家庭中的雌猴也卷入战斗，它们支持自己的丈夫，一起向对方瞪眼、威胁。

很多人可能不理解，难道猴子之间的较量仅仅是虚张声势，干打雷不下雨吗？其实不然。刚刚两只主雄猴之间的较量在动物行为学上叫“仪式化进攻”，这在猴群之间争夺地盘的时候经常上演。什么是仪式化进攻呢？这类似于人类的打擂台，点到为止，分出胜负即可，不是你死我活的战斗。这是很多动物长期进化形成的机制，既可以解决它们之间的纠纷，又不至于闹出性命危险。试想，如果每次发生冲突都是你死我活的战斗，那么猴群中大多数猴子早就死光了。不过，在争夺家庭的时候，主雄猴之间也会发生激烈的冲突，我们在后面会提到。

断手第一次见识了爸爸的威严，它躲在妈妈的怀里带着崇拜的眼神看着面前威风凛凛的父亲，希望有一天它也能像父亲那样。除了争夺地盘外，施霸还要承担保护家庭的重担。虽然它现在是猴群中最有权势的家长，但是俗话说，能力大，责任也大。施霸的家庭是猴群中最大的，要保护好一家人的安全绝非易事。威胁时刻存在着，密林中有无数的眼睛盯着它们，尤其是断手这样的婴猴，更是天敌重点搜寻的对象。施霸要时刻警惕周围的天敌。对于它们而言，威胁最大的天敌莫过于天上飞的苍鹰、金雕，还有活跃在地面上的黑熊。苍鹰虽然体形不大，可是极具杀伤力，它被称为森林之王，来无影，去无踪，如同一道黑色的幽灵时刻隐藏在密林中的某个角落。每年都有几只婴猴死于苍鹰的利爪之下。相比于苍鹰，金雕是一种更大的猛禽，被称为空中霸主，它两米多长的翼展可以在空中

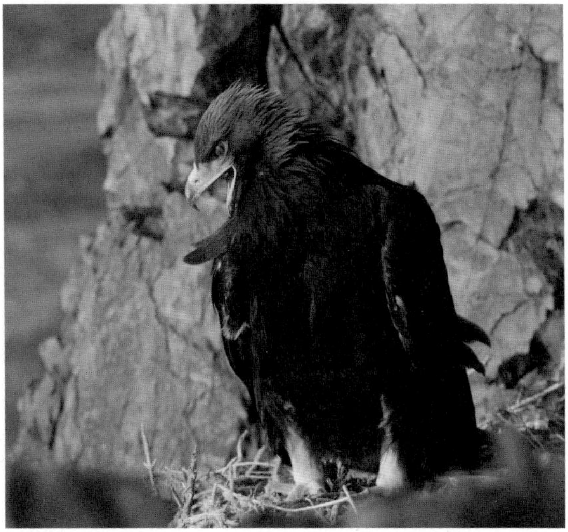
▲ 金雕 - 邢睿　拍摄

将大天鹅直接拍死，强有力的喙足以刺穿厚厚的牛皮，锋利的爪子如同匕首一般可以将猎物“一剑封喉”，它目光如炬可以发现方圆 2 000 米内的一只兔子。不仅是婴猴，即便是对那些成年的公猴而言，金雕也是一大威胁。不过，密林中金雕行动不便，只要不是身处在空旷的地带，猴群就足以躲避其威胁。剩下的就是黑熊了，黑熊虽是杂食性动物，可是有些时候对婴猴依然构成威胁。

作为一家之主的施霸不敢有丝毫懈怠，它时刻注视着周边的情况，一旦有风吹草动，立即带领家庭躲进密林之中。

好景不长，猴群还没过几天安稳的日子，“四脚兽”来了。

夏季到了，海拔 3 000 米之上的高山草甸进入一年中最繁茂的时刻。高山草甸和猴群居住的针阔叶混交林犬牙交错地分布着。大自然从来不喜欢单调的重复，万物的造化既随心所欲又充满章法。高山草甸的复苏，对于食草动物是一大利好，这是它们期待已久的“粮仓”。牧民的牛群闻到了青草的芳香，为了食物它们一路而上。可是，这里活跃的滇金丝猴并不喜欢这些四脚的怪兽。要知道，这些牧民的牛本来就不属于这个自然界，它们是地地道道的外来户，只不过是在“两脚兽”的带领下，才来到这里。如果没有“两脚兽”的支持，这些四脚的怪兽是竞争不过这里的土著的。

为了吃到高山草甸可口的青草，这些牛儿要时常从滇金丝猴的地盘经过。猴群自然不会答应。虽然这些牛儿对于滇金丝猴并不构

▼ 与牛对峙

成实质性的伤害，可是它们却可以慢慢改变森林群落，比如啃食竹叶、竹笋，这些可都是猴群夏季最喜欢的食物。此外，牛群会在林中踩出一条小道，将一些枯树推到，这些都是滇金丝猴无法容忍的。

每一次有牛儿经过，猴群都会发出警报。可是断手不知道牛儿为何物，它对一切新鲜的事物都充满了好奇。有些时候，断手很想凑过去和这些牛儿打个招呼。可是鉴于妈妈管教太严，它的愿望难以实现。没过多久，断手迎来了机会。

有一头小牛如同断手一般年纪，充满着对世界的好奇，神不知鬼不觉地走到断手的附近。小牛来得太突然，以至于在猴群外围活跃的光棍猴们都没有发现。这个时候，施霸发现了小牛，它呲牙瞪眼，向小牛发出威胁。可是，小牛听不懂施霸的语言，它不知所措，也不为所动。

即便是小牛不去伤害婴猴，这样一个庞然大物在自己家门口晃来晃去，对于猴群而言也不是一件惬意的事情。大娘立即抱着在旁边玩耍的断手上树，只有树上才足够安全。接着，家里其他成员纷纷效仿。主雄猴施霸看到家庭成员都已经转移到树上，也爬上一棵大的冷杉树上。

躲在树上的猴子显然不愿看到这只小牛在自己的地盘内四处游荡，可是它们又没有足够的力量把它赶走。得想个办法了。待在树上的施霸首先对着贸然闯入的小牛发出警告。看到施霸的举动，它的老婆们也纷纷效仿。可是小牛对树上的猴子并不在意。猴群的恐吓没有起到效果，它们开始采取更激烈的措施。只见施霸从一棵树上一跃而起，跳到另一颗树上。庞大的身躯踩在树枝上发出喀嚓一声巨响，这声音远响过猴群的尖叫警告。牛儿也被这巨响声惊动，它抬起头注视上方的猴子。

说时迟，那时快，施霸折断一根树枝砸向地面的小牛。看到施霸用树枝袭击小牛，树上的猴子们也往树下扔树枝，只有携带婴儿的大娘和二娘在一旁观战，没有加入战斗。小牛陷入猴群的围攻，决定立即离开，离开这个是非之地。施霸率领家庭成员以集体之力捍卫了自己的领地，猴群恢复了往日的平静。

赶走小牛后，断手第一次意识到家庭合作的力量，它们成功将体重数倍于自己的“四脚兽”赶走了。断手可以安心地和邻家的小伙伴们玩耍了。

▲ 父爱 - 朱平芬　拍摄

博士有话说

稀有的父爱

在白马雪山，滇金丝猴的主雄猴与婴猴的关系大致可以归类为容忍型，就是主雄猴可以容忍婴猴，尽量不动粗，但很少照顾，与滇金丝猴的近亲川金丝猴中主雄猴总体上对于婴猴的照顾会稍微多些的情况不同。但是，向左甫博士在红拉雪山自然保护区对滇金丝猴的观察中，却记录到了一些主雄猴照顾婴猴的例子。主雄猴对婴猴的照顾在 2 月和 3 月时最多，这可能是由于当地独特的环境条件造成的。相比于白马雪山，红拉雪山境内滇金丝猴的食物较为匮乏，尤其是 2~3 月的时候。这个时候，主雄猴参与照看婴猴，可以大大减轻母猴的负担，让母猴有更多的觅食时间，进而保证有足够的乳汁提供给婴猴。

为何滇金丝猴爸爸很少照顾孩子？

非人灵长类的雄猴基本上都不照料婴猴。最多能做的就是携带和照看它们，例如，给婴猴理毛或者在雌猴取食的时候出只眼睛看着婴猴。家庭单元内的主雄猴不会主动与婴猴接触。相反，在婴猴成长过程中，如果在取食时与主雄猴靠得太近，还可能受到父亲的攻击。婴猴对主雄猴父亲也表现出畏惧的态度。其中一个主要原因是由于父权的不确定性，也即主雄猴们不知道孩子是不是自己的。从整个动物界看，雄性一般（当然也有特例，比如海马，帝企鹅，那是另一个层面的问题）对后代的照顾较少。但是雌性不一样，它们一定能确认孩子是自己的，所以雌性更愿意照顾孩子。

▼ 父子携带 – 朱平芬　拍摄

断手的玩伴

对于幼年的断手来说，游戏是非常重要的行为。它可以在游戏中学会日后生存的必备技能，也可以认识许多日后的伙伴。

▲ 婴猴 – 朱平芬　拍摄

秋季，白马雪山进入丰收的季节，这是一年当中猴群最幸福的日子。这个季节里林中各种各样的野果挂满枝头，有野生猕猴桃、悬钩子、荚蒾、榛子……这些果实含有较高的能量，滇金丝猴们可以很快填饱肚子。此时猴群用于觅食的时间少了，用于社会交往的时间多了。

断手的身体机能已基本发育完全，再也不是妈妈护在怀里的那个脆弱的小不点儿了。它会学着妈妈的样子跟随着猴群移动、取食、为其他家庭成员理毛，努力地成为一个合格的成年个体。当然了，对它来说，妈妈永远是一个温柔强大的依靠。尽管已经具有独立生存的能力，断手却还是喜欢跟在妈妈身后，做一个妈妈的“跟屁虫”。

婴猴的成长离不开母猴的照顾，可是“儿大不由娘”，等到婴猴成长到一定阶段，母子间的关系会发生微妙的变化。在人类社会的文化中，母亲对待自己的孩子，总是会将好的食物和资源留给子女。但是在滇金丝猴并不是这样。这是因为母猴首先要保证自己的食物、能量摄入，这样才能确保有充足的乳汁来供养新生儿，并保证有足够的精力保护小猴。

大娘在抚育断手的过程中会消耗大量的能量，需要通过摄入较多的能量来达到均衡。为了达到这个目的，大娘可能会倾向于用更长时间来取食，取食也需要更有效率。大娘的取食行为很容易被断手所妨碍，因为携带婴猴可能会导致母亲难以抓取食物，寻找食物

▲悬钩子

▲荚蒾

时移动的速度也会变慢。现在，大娘不再像以前一样凡事都由着断手来，它开始拒绝断手的一些要求，照顾也减少了。有一次，断手试图让妈妈背着自己移动，妈妈却立即闪躲开了。

此外，对于大娘而言，它不仅需要照看眼前的孩子，还要为继续繁育考虑。虽然雌滇金丝猴是隔年生育，但是在不生育的这一年里，大娘也要维持和丈夫施霸的关系。而它跟前的断手，很有可能会妨碍自己与丈夫亲热、交配。不过，大娘对断手的拒绝也是温和的，大多数时候用的都是转身离开、推开等比较温和的方式，即使偶尔有拍打和咬婴猴的行为出现，其强度也都非常低。

虽然断手早就可以自己找东西吃了，但是它依旧时不时地想喝大娘的乳汁。在它眼中，世界再美味的食物也比不过妈妈甘甜的乳汁。有些时候，断手含着妈妈的乳头并不真的是为了填饱肚子，而是出于对妈妈的依赖。

如果大娘空闲，它并不介意给断手哺乳。可是当大娘觅食的时候，它就不希望断手前来打扰。大娘和施霸亲热的时候就更不希望断手在身边闹腾了。可是断手哪管这些啊，它对身边的一切都充满了好奇，经常不分场合地胡闹，这个时候，断手就会遭到大娘的拒绝。

可是断手也有自己的绝招，一旦连续被拒绝，它就会在大娘身边撒娇。大娘往往舍不得，只好把它抱在怀里，给它几口奶吃，暂且满足下，不让它继续淘气。

这个年纪的断手对什么都充满着好奇，一根草、一片叶子或是一个果核，都像是一片新大陆。它和其他小伙伴一样，都有一个与生俱来的习惯——无论什么东西都要试试是什么口感，尝尝是什么味道。杜鹃花是这里常见的一种植物，在断手的家乡，几乎每一只小猴都曾把杜鹃花揪下来，放在嘴巴里嚼过。对断手它们来说，嘴巴和牙齿可是认知世界的重要器官。

当然，对断手来说更重要的是和同伴们玩耍。它们会相互追着跑，几只小猴滚作一团，张着嘴咬来咬去。这种撕咬动作只是游戏，为以后的实战做练习准备。而在玩耍活动中，一旦有一只小猴感受到了威胁，“吱吱”地叫起来，它的妈妈就会立刻冲过来将它抱起。其他小猴的妈妈也会不甘示弱，纷纷跑过来将自家孩子抱起来。

小猴子们不仅和自己的兄弟姐妹一起玩，也可以和邻居家的同岁小猴一起耍，这是小猴子们享受的特殊权利。平日里猴子家庭之间壁垒比较严格，大猴子是不能互相串门的。断手和邻居家的小猴扭在了一起，相互抓打、撕咬，顺着山坡滚下去，玩得不亦乐乎。有的时候 3 到 4 只小猴聚在一起乱战，树上、地面均是它们的战场。若你在远处看见枝条摇动，很有可能就是小猴们玩得正乐的时候。断手和小伙伴们虽然年龄小，却是玩耍的能手，抓打撕咬都不在话下。玩耍是为以后做准备，现在的撕咬、抓打、追逐等，可以锻炼身体，训练打斗技能，使它们变得更强壮。

在与周边家庭的小伙伴们玩耍的过程中，断手还学会了如何与家庭外的小猴子们相处，这将帮助这些小猴子掌握群体特有的沟通方式。猴群是一个集体，一定要学会在集体中生存。

平静的生活总是短暂的，猴群即将面临严酷的冬季，很多今年出生的小猴将熬不过严酷的冬季，断手又将遇到怎样的麻烦，它能挺过冬季吗？

▲ 2016 年出生的婴猴 - 夏万才　拍摄

博士有话说

婴猴之间的玩耍大有学问

玩耍行为广泛存在于高等动物个体的发育早期，是高等动物发育早期的特有行为。根据参与玩耍个体数量的不同，玩耍可分为个体玩耍和社会玩耍。社会玩耍是指两个或两个以上的个体参与，每个个体的动作与对方相适应，并受对方影响的玩耍行为。社会玩耍行为在群居非人灵长类动物个体早期感觉和运动器官发育、社会认知能力提高方面发挥着重要作用。3 岁及 3 岁以下的小猴特别喜欢和同龄的小伙伴一起玩耍。和人类中男孩一般比女孩贪玩一样，滇金丝猴中雄猴也是比雌猴贪玩。和人类的小朋友一样，不同年龄段的小猴有不同的玩法。1 岁以下的小猴喜欢相互追逐；1~2 岁的小猴喜欢互相抓打，其次为撕咬、追逐。

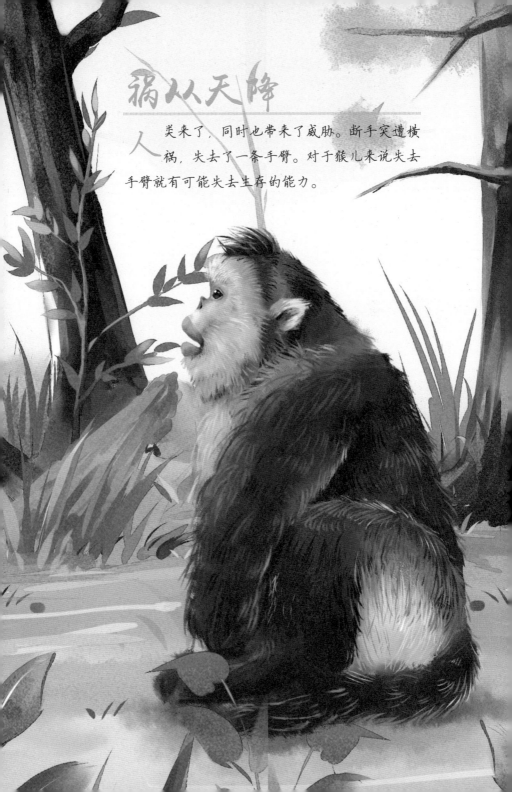

祸从天降

人类来了，同时也带来了威胁。断手突遭横祸，失去了一条手臂。对于猴儿来说失去手臂就有可能失去生存的能力。

失去右臂

愉快的秋季结束了，寒冷的冬天来了。无忧无虑的断手遭遇了人生中第一个大的挫折。它还能挺得过来吗？

▲ 白马雪山雪景 - 夏万才　拍摄

愉快的秋季结束了，白马雪山转眼进入冬季。一场大雪过后，这里变成了银装素裹的童话世界。冬季对于“奉行素食”的滇金丝猴来说是严峻的考验，更何况大风和积雪增加了取食的难度。冬季气温低，滇金丝猴的能量消耗高，导致它们能量摄取不足。寒冷的季节里，树上的松萝成为断手一家赖以越冬的口粮。寒冷不足惧，可怕的是最近森林中，“两脚兽”的脚印慢慢增多，断手一家非常警惕。

断手非常活跃，不断地在树上跳上跳下，它在抓紧寻找自己的食物。断手在杜鹃树上活动的时候发现有一处生火的痕迹，在好奇心驱使下立即去找大娘。它拽着妈妈的手臂，好奇地看着远处黑色的痕迹。大娘知道这里有陌生人的气味，谨慎起见，它叫来正在地面进食的施霸。

经验丰富的施霸立即察觉到情况不妙。这处黑色的痕迹是猎人晚上过夜留下的，一般村民的活动到不了这个地方。猴爸爸四处巡查，看看有什么可疑的情况。施霸已经13岁了，十余年的生存经验使得这只大公猴变得格外谨慎。它清楚地记得此前有很多同伴中了猎人的圈套而死，还记得獐子被钢丝套紧紧夹住，在挣扎中死亡。

猴爸爸的判断没有错，此处确是猎人活动的痕迹。对于滇金丝猴而言最可怕的敌人不是金雕和小牛。金雕固然强大，但是猴群集体防御，可以让其无机可乘。小牛也很强悍，但猴群依然可以通过合作将其驱赶。滇金丝猴最怕的是人类。现今，滇金丝猴成为国家一级重点保护动物，它们生存的地方白马雪山也成为国家级保护区，原有的猎手成为护林员，公然屠杀滇金丝猴的情况不复存在。但即便如此，仍然有不法分子进行偷猎，他们依旧是断手一家的头号威胁。

施霸还在四处巡查，猴妈妈也观察着周围的情况。大家都在忙，忽略了正在玩耍的断手。好奇的断手学着施霸的样子到处走，到处瞅。突然，正准备爬上一棵小树的断手感觉手臂一紧，被什么东西给勒住了。它拼命地挣扎，可是越挣扎，就勒得越紧。

原来可恶的不法分子早已在此布设了重重机关。这是种“活套”，用不足一厘米粗的钢丝绳制作而成。当动物被套中后，越用力挣脱，“活套”就勒得越紧。狡猾的盗猎者还把套拴牢在小树上。如果拴在大树上，动物被套后会激烈反抗，有时冲劲足以扭折钢丝，来回冲两次钢丝就会出现折痕，钢丝很可能就断了。拴在小树上，被套住的动物挣扎时小树会随之摇摆，缓解冲力，这样几下套子就勒紧了，也就动不了了。

不幸的断手落入了不法分子的钢丝套中，它拼命地呼喊，向附近的妈妈求救。听到断手的呼救，大娘赶来了，家庭其他成员也围了过来。可是它们没有见过这种套子，不知如何取下。猴妈妈紧紧地把断手抱住，一只手拉住断手被夹住的胳膊，使劲往外拽，可越拽越紧，断手呼喊得更加厉害。

在周围巡查的施霸也赶过来，它清楚地知道这种钢丝套的威力，此前就有同胞被这种套子夹住，最终不幸死去。可是它也不知道如何才能解开这个圈套。为了营救孩子，施霸抓住断手被夹住的胳膊，奋力一拽，咔嚓，断手右臂从肘关节处齐齐断掉。母猴立即抱住断手，断手在妈妈怀里发出凄厉的惨叫声。

救出孩子后，施霸立即发出叫声，召集家庭成员进行转移。施霸走在最前面，大娘抱着受伤的断手夹在猴群中间。滇金丝猴利用四肢行走、攀爬和跳跃。四肢的强健，决定着它们能否获得最好的食物，能否顺利讨到老婆，能否躲过天敌的追杀。失去右臂的断手遭遇了“猴生”第一次挫折，它还能活下去吗？

▲ 捕猎套索

博士有话说

盗猎

中科院昆明动物所白寿昌先生曾在 1985 年 4 ~ 6 月深入一线，在德钦县霞若区做过一次调查。他以当地公认的著名猎手作调查对象，统计捕杀滇金丝猴的情况。调查结果触目惊心，根据走访、调查，20 世纪 70 年代德钦县霞若区滇金丝猴尚存千余只，到了 1985 年不足 200 只。偷猎是造成滇金丝猴数量急剧下降的主要原因。附近的少数民族自古靠打猎为生，他们极擅长捕捉滇金丝猴，主要的手段为枪杀和扣捕。那个时期滇金丝猴生活的周围还没有建立保护区，《中国野生动物保护法》也没有生效，老百姓们对待滇金丝猴的态度极为冷漠。在他们眼中，滇金丝猴就是一种资源，和其他的动物植物没有什么区别，打猎是理所当然的事情。如今保护区建立之后，滇金丝猴的生存状况大大改善，但盗猎行为仍时有发生。

发现蛇

刚刚失去右臂的断手心情沮丧，再也不像往日那么活泼好动了。是什么让它重获信心呢？

▲ 白马雪山－夏万才　拍摄

断手失去了右臂，疼得昏过去了。本以为它没救了，不成想第二天它又奇迹般地睁开了眼睛。大娘始终将断手抱在怀里，不曾离开分毫，一家人也都围在断手身边，给它以坚强的支持。

断手的手臂断掉后，起初无法生活自理，要靠妈妈采集食物喂它。相比以前，大娘对断手更加耐心。别的猴儿都快断奶了，可是断手妈妈依旧允许断手吃自己的奶水。很明显，对于这个受伤的孩子，它格外照顾。不仅是猴妈妈，家里的其他成员也对断手母子格外照顾。它们把最好的觅食场所让给断手母子，队伍转移的时候也让断手母子处于最中间最安全的位置。休息的时候，妈妈和阿姨们把断手紧紧地搂在中间。

这次受伤不仅带给断手身体上的打击，对于断手的心理也造成了创伤。断手开始对周围充满了恐惧，以前那只活泼、好奇的小猴子不见了，它不敢触碰自己不熟悉的事物。只有别的猴子走过的地方它才敢走，别的猴子品尝过的食物它才敢吃。它不敢离开妈妈的身边，不敢去探索外面的世界。

在这个正是活泼好动的年纪，断手却呆若木鸡。即便是别家的小猴来找它玩，断手也不敢离开。久而久之，伙伴们对这只独臂的小猴失去了兴趣。

这一天，大娘将断手放在树杈上，自己跑到另一棵树上觅食去了。断手看见妈妈离开，立即发出小羊一样的叫声。这一次大娘也有些不耐烦了，没有搭理断手。断手叫喊了一会儿，只得自己玩耍了。它坐在树杈上，呆呆地看着周围活动的家人，对一切充满了警惕。突然，草地上发出嗞嗞的响声。断手恐惧极了。换作以前，它对陌生的事物充满了好奇，天不怕地不怕，就连小牛闯进来都想过去瞅一瞅。而如今，就连草地上发出的细微声音，它都会惊慌失措，成为一个胆小鬼。

断手觉得地面上有些不对劲，它之前没有听到过这种声音，于是拼命地呼喊妈妈。此时妈妈吃得正酣，哪里顾得上断手的叫喊。断手在树上看到一只细长的动物，有着三角形的头部和暗色的身体。它在地面上滑行，还时不时抬起头伸出红色的细条状的舌头。这是一条蛇，它正在接近姐姐，而正在地面上觅食的姐姐还没有察觉到。

这是断手第一次看到蛇，它虽然不知道那是什么东西，可是害怕、恐惧让它拼命地叫喊，使出最大的力气叫喊。大娘不再置之不理，它回过头看看断手，只见断手冲着一个方向使劲地叫。

大娘这才看到地面上有一条蛇，于是立即向家人发出警报。正在觅食的姐姐也发现了身后的蛇，当即没命地爬上树。其他家庭成员也都跑到树上躲避，躲过了一劫。虽然猴子不是毒蛇的主要袭击目标，可是猴群对这种爬行动物的恐惧不亚于人类。

断手竟然出其不意地给家人报了一次警，它立功了，得到了家人的赞赏。从家人看它的眼神中，它明白刚才的做法是正确的。断手的自信开始增加，慢慢活跃起来，只是依旧保持对周围陌生事物的警惕。

大娘觅食期间，断手开始尝试一只手抓住树干，再用两只脚爬树，它做到了，虽然不如之前灵活。这是受伤后的第一次尝试，断手高兴极了。一旁的猴妈妈看到后，也是深感欣慰。后来断手慢慢学会了自己取食，它用一只胳膊爬到树上，然后找个树枝坐下，用一只手采集树上的枝叶。断手顽强的生存能力，使它一点点克服失去右臂带来的不便。虽然可以像其他猴子一样取食、上树，只是缺失一只手臂，明显没有那么灵活。尤其是在树之间进行跳跃的时候，一只手难以牢牢抓住树枝，好多时候断手都差点从树上掉下来。经过不懈地努力，断手在家人的照顾下，可以正常生活了。

断手开始和其他小猴接触。小猴子们在一起总喜欢追逐打闹，然而一只手的断手根本不是邻家小猴的对手，人家可以轻而易举地将它撂翻在地。可是断手并不气馁，哪里摔倒，它就在哪里爬起来，不服输，不放弃。它只有一只手臂，不可能像其他猴儿一样扭打。可是断手善于动脑筋，在一次次被打倒的过程中，它慢慢琢磨出破敌之策。有一次断手无意中推倒别家小猴。断手成功了，它发现只要自己站稳，用左手发力依旧可以战胜对手。由于断手日常生活中都是使用左手，它左手的力量比同龄小猴都更有力。打闹的时候，断手总是出其不意地给对方一击。然而，断手不擅长扭打，它总是把对手挡在自己的一臂之外。而一旦对手靠近，纠缠在一起，断手就会吃亏。

断手慢慢恢复了往日的活力，它熬过了寒冷的冬季，等来了春暖花开的时节，它还活着！可是，从手臂被夹断的那一刻起，它的命运就注定坎坷。虽然在家人的照料下，它活了下来，可是，按照滇金丝猴的社会规则，雄猴不能无限期留在家里，即便是受伤也不行。总有一天，断手会离开家庭独立生活。失去右臂的断手不知以后又将遇到怎样的困难，它还能像其他猴儿一样正常生活吗？

闯荡天涯

断手长大了，也到了离开家独立生活的时候了，“光棍俱乐部”成了他的新家，它将在这里磨炼自己的意志和战斗力，为将来讨老婆而努力。

进入光棍群

失去了父亲的庇护，断手不得不离开家庭。等待它的是怎样的生活呢？

▲ 青年猴－朱平芬　拍摄

几番春秋冬夏，尝遍酸甜苦辣，断手 3 岁了，它已经成长为一只青年猴。它的行为活动基本与成年猴类似，毛色也近似于成年猴。就在这年，断手无忧无虑的舒适生活发生了变化。

最近断手发现自己越来越不受家庭成员待见了，它们都把关注点集中在今年出生的弟弟、妹妹身上。阿姨们都努力和施霸联络感情，连大娘对自己的拒绝行为也不断增加，再也不像以前那样照顾自己了。断手感到前所未有的孤独。每天觅食时，它开始逐渐疏远家庭，不想和家人靠得那么近。

秋季是硝烟弥漫的季节。这段时间里，断手的父亲施霸时刻注视着周围的情况，它不敢有丝毫的松懈。现在是猴群的集中交

配期，有家庭的主雄猴们可以随意和自己的老婆们完成交配，而那些光棍群里的雄猴就没有这么幸运了。在体内荷尔蒙的刺激下，光棍猴们对各个小家庭虎视眈眈，试图击败主雄猴，夺取它们的家庭。

俗话说，“外贼易挡，家贼难防”。除了时刻警惕天敌的威胁，断手的爸爸施霸还要提防全雄单元的威胁。虽然施霸体格强壮，可是它数量众多的老婆也惹得许多单身汉垂涎。一旦施霸年老体衰，状态不佳，这些光棍猴们就会密谋打败它，占有它的老婆和孩子。

是福不是祸，是祸躲不过，该来的迟早会来。全雄单元中有一只叫花脸的猴子早已注视施霸家很久。这些日子，它不断在施霸家附近活动，窥探它的家庭。花脸体格强壮，毛色油亮，尤其是那一口利牙，张开嘴来发出“逼猴”的寒光。施霸也早已注视到花脸的活动，几次对它进行驱赶。

这仅仅是花脸前期的试探，猴群之间的战争可不是儿戏，它需要好好衡量下施霸的战斗力。施霸拥有这个家庭已经有 3 年了，虽然威风依旧不减当年，可是毕竟已经过了最年富力强的时候。

一天清晨，花脸对施霸发起了攻击。一切都发生在密林深处，断手没有看到争斗的细节，只听到它们惨烈的叫声、砰砰的肢体碰撞声和树枝不停被折断的声音。不知道什么时候，激烈的争斗声才慢慢平息下来。整整一个上午，断手的妈妈和 5 个阿姨都紧张得坐立难安。因为这关乎家庭未来的命运。如果断手的父亲战败，新的大公猴就会成为家长，家庭成员们面临的命运都不可知，尤其是断手母子。等到中午进食时，大家都静静地等待着这场争斗的结果。

第一个进入进食场的依旧是断手的父亲，负了轻伤的它，在妻子和孩子的注视下缓慢而骄傲地爬上树干，用冷峻的目光扫了一圈，张开嘴露出它尖利的牙齿，然后在树枝上连续地跳跃，用力击打树干，向大家宣布，它依然是最强大的公猴，是不可战胜的。

不过，战争并没有结束。前几天被施霸击败的花脸没有死心，它又来了。最近几日，施霸发现五娘和花脸眉来眼去，这令施霸非常生气，率先向花脸发起进攻。

施霸为了保住自己的家庭，拼尽全力冲过去对着花脸撕咬。两只公猴抱作一团在树之间滚来滚去地扭打。树枝承受不了两只大公猴的重量，咔嚓一声断了。两只公猴抱团掉了下来。不幸的是，施霸头部着地，受了重伤。

失败的施霸受伤严重，不久死去。此时断手的妈妈和阿姨们接受了花脸，花脸成为新的主雄猴。断手觉得家庭气氛和以前不一样了，花脸只要见到它就呲牙咧嘴地恐吓，让它走开。断手不知最近发生了什么，就连一向慈祥的大娘也不愿它靠近，特别是一到觅食时间就驱赶它。断手很迷惑，不知道自己犯了什么错，它尽量讨好家人，给它们理毛，吃东西谦让，可这并没有起到积极作用。到最后，花脸甚至到了不能容忍它的地步。看来断手在家里待不下去了。在滇金丝猴的世界里，只有雌猴才可以一直留在这个家里，小公猴长到 3 岁后就要被驱赶离开。断手 3 岁了，即便是没有出现家庭变故，它也要离开家庭了。

离开家的断手不知去哪里。以往在家的时候，大家步调一致，该吃饭的时候吃饭，该休息的时候休息。突然脱离了集体，它有些茫然 。虽然此时的断手已经可以独立生存了，可是森林中处处充满了危险，每一只猴都离不开集体。此时断手在树林中游荡，自己的家是回不去了，它到其他家庭的门口想碰碰运气，可是没有家庭愿意接纳它。

正当断手绝望之际，它遇见了另一只被家庭赶出来的小猴——壮壮。壮壮和断手同岁，和断手遇到同样的境遇，被家庭赶了出来。两只同命相怜的小猴走到了一起，彼此有了照应。它们打起精神，决定去寻找新的家庭，森林之大，总会有接纳自己的地方。

壮壮胆子比较大，比较敢闯，之前在家里的时候，就偷偷地溜出去到过林中很多地方。而断手则比较谨慎，尤其是手臂断掉之后，它几乎是大门不出二门不迈，从没有离开过家庭，不了解外面的世界。壮壮之前在森林中漫步的时候，知道除了各个小家庭之外，猴群中还有一个家庭，其成员组成比较复杂，不过比较松散，那就是光棍群。很多次，猴群的警报都是它们发出的。于是壮壮和断手一起去寻找光棍群。这是它们唯一的希望。

两只小猴远离了家庭，断手充满了恐惧，它不知道前方是哪里。相比之下，壮壮淡定多了。不一会儿，它们来到一片丽江云杉林，树上长满绿绿的松萝，那是它们的食物。林子里还有长苞冷杉、川滇冷杉、黄背栎、大果红杉、山杨、高山松，灌木种类主要有尖叶栒子、卵叶杜鹃、大白花杜鹃、红棕杜鹃、穆坪醋栗、陇塞忍冬等。丽江云杉树下七八只猴子在那里觅食。这里的猴子年龄相差比较大，既有年迈的老猴，也有年轻力壮的青年猴，还有几只和它们年龄相仿的小猴。看见壮壮和断手到来，这里的猴儿都端坐着，它们既不欢迎，也不驱赶。

离家的断手和壮壮加入到一个新的组织——“全雄单元”，这里的成员全是单身汉，游离在小家庭之外，俗称光棍群。这些单身汉中，有的曾经风光无限，只是熬不过年老力衰，被新的主雄猴所取代，只能沦落到此；有的是从别的猴群迁移过来的大公猴，它们跃跃欲试，随时准备攻击有家庭的主雄猴，取而代之；当然其中最多的还是和断手一样，被赶出家门的青年猴。断手和壮壮虽然不知道新家庭的生活有多艰难，但它还是勇敢地面对生活环境的变化，努力适应新的日子。

俗话说：“由贫入富易，由奢入俭难。”断手之前所在的家庭在猴群中地位最高，它过惯了舒服日子，一时难以适应全雄家庭的生活。作为猴群中等级地位最低的家庭，它们只能生活在猴群的边缘，有食物要让其他家庭先吃，夜宿和迁徙时还要为猴群充当开路先锋。

离开家的断手，失去了家庭的庇护，进入光棍群面临新的环境、新的社会关系，它将如何适应？

▲ 携带死婴－李腾飞　拍摄

博士有话说

滇金丝猴的杀婴行为

一直以来美丽的滇金丝猴都给人一种温柔、可爱的印象，尤其是它们群中的阿姨行为和母猴携带死婴更是让人无比动容。这些温馨的场景，在我们人类世界中也经常上演。可是，2007年和2009年，向左甫博士和任宝平博士先后报道了滇金丝猴的杀婴行为，一下子颠覆了我们对它们原有的认知。2004年3月23日，向左甫在西藏小昌都观察滇金丝猴群时发现一起同类相食的现象。根据他的描述：中午12:30，一只亚成年雄猴左手携带死婴，用右手抓起尸体上的肉进食。向左甫观察到的另外一起同类相残发生在2005年3月15日中午12:26，6只猴子在花楸树上觅食、玩耍。同时，一只大公猴坐在旁边冷杉树树冠的底部。突然，大公猴冲向觅食的猴子，一把抓住了新生的婴猴，并且咬住它。雌猴们对着大公猴用尽全力吼叫。见状，大公猴抓起婴猴跳到旁边的冷杉树上。那只失去孩子的母猴立即追赶，试图夺回它的孩子，但是迫于大公猴的威势，只能眼睁睁地看着孩子被害，无功而返。

全雄单元

▲ 青年猴

▲ 亚成年雄猴

▲ 成年雄猴－朱平芬　拍摄

全雄单元的成员显得比较松散，活跃在各个家庭的周围，它们全部由单身的雄猴组成。这个群体的猴子和各个小家庭之间的关系非常微妙。这些年轻力壮的单身汉们对猴群里的各个小家庭虎视眈眈，对那些小母猴们爱慕良久，只是惧怕主雄猴的威严，现在还不敢胡来。等到发情期的时候，这些成年的单身汉就会按捺不住。

新的生活

在光棍群中，断手有了和以往完全不同的生活经历。在这里，它认识了新的朋友，而且学会了很多生活技能。

▲ 青年猴游戏 – 夏万才　拍摄

光棍群的生活比不上在家的日子，不过倒也无拘无束，自由洒脱。经过一段时间的磨合，断手成功地适应了新的生活。此时，断手也迎来了新的挑战，它要和群里的小伙伴们建立友谊，如何交朋友成为断手在光棍群里的首要任务。

好在，群里有几只和断手年龄相仿的小猴，它们在一起相对比较容易相处。其中有一只叫黄毛的小猴，它比断手先到光棍群，可是胆子却小得可怜。如果说断手是谨小慎微，那么黄毛就是个十足的胆小鬼。虽然比断手先到光棍群，可是却像一个十足的后生。它每天的生活极为简单，找点东西吃，睡睡觉，做什么都是跟在别的猴子后面，从不独自行动。如果不是断手和壮壮的加入，黄毛这样的生活会一直持续下去。

小猴子们聚到一起，有各式各样的玩法。它们互相追逐打闹，玩得不亦乐乎。虽然断手可以和其他小猴玩在一起，可是明显有些不方便。尤其是爬树和跳跃的时候，断手要显得笨拙。别的猴可以轻松跳过的树枝，断手却不行。很多时候，断手因不能在树上跟上伙伴们而受到冷落。

可是断手却是地上打斗的高手。在地面上，它的两个小伙伴都不敢小瞧它。断手在地面上站得特别稳，如同马步扎得特别好的功夫高手。断手在地面用一只手一样可以和小伙伴们打个平手。并且在打斗中，断手还开发了自己的嘴上功夫——咬。它下嘴快而准，虽然不是真咬，但是招式很足。

和小伙伴们建立友谊后，除了日常的追逐打闹外，断手接下来的重任就是探索周围的世界，这是它生存的必修课。如今又到了夏季，食物充足。断手偏爱竹子和竹笋，这种食物能量高，营养充足，很容易填饱肚子。不用担心食物，小猴们可以更好地玩耍了。三猴之中，壮壮胆子最大，这里几乎没有它不敢去的地方。黄毛胆子最小，它从来不敢独自出去，都是跟在别的猴后面亦步亦趋。而断手比较适中，由于之前受伤的经历，它变得谨慎老成。

此时，断手在光棍群自由自在地生活着，它和其他个体还没有确定的社会等级序位关系，基本上都是机会主义者。在全雄单元中，断手和成年雄性间不存在什么“支配—从属”关系。

现在的断手不再像以前那样无忧无虑。它和大家庭的兄弟们一边站岗放哨，一边练习搏斗的技能。还有一个必须掌握的技巧断手也没有忽视，就是处理好与其他全雄家庭成员的协作关系，把握好与其他相邻家庭的礼仪分寸。犹其是对于其他家庭的主雄猴，它依旧心存畏惧。主雄猴对那些全雄单元中的未成年个体来说无论在行为上还是在心理上均具有一定的威慑力。断手所在的全雄家庭要承担的风险实在太多了，它们不仅要直接面对自然界的天敌，而且还要面对森林中越来越频繁的人类活动。人类活动带给猴群的压力是前所未有的。对付天敌，猴群还有代代相传的应对经验，而面对人类不断升级的捕杀手段，它们无论如何也无法应对。如今，它只要见到直立行走的动物，就吓得魂不守舍。在它的意识里，人类是最可怕的恶魔，他们的危险程度超过那些猛禽走兽。

断手在光棍群中和其他个体一起玩耍、打斗、取食。这些小伙伴们是断手日后的合伙人。可是眼下，这些小伙伴们还和断手一样，它们都没有生存经验。在家里的时候，爸爸、妈妈和阿姨们会教给断手生存的本领，诸如去哪里过夜、哪些东西可以吃、哪些东西不可以吃……到了光棍群后，它又该向谁学习生存的技巧呢？

▲ 单身俱乐部 – 朱平芬　拍摄

博士有话说

主雄猴之间的等级地位是依靠什么来排的呢

在滇金丝猴群中，雄性只有达到 8 岁，体形大小近乎或完全达到成年水平时，它们才会真正通过与其他成年个体争斗来提高自己的社会等级。我们知道梁山好汉要排座次，同样猴群中的每个家庭的主雄猴也分等级、排座次。排好座次后，尊卑有序，可以减少内部的纷争，使猴群团结稳定。毕竟如果没有等级，天天打斗，那日子就没法过了。梁山好汉主要凭借个人武艺和所立功劳大小排座次。那么主雄猴之间的等级地位是依靠什么来排呢?

主雄猴之间的排序是按打斗的实力来排的，比如主雄猴施霸在和其他主雄猴的冲突中可以经常取得胜利，长此以往，它在主雄猴中的地位就高。确立等级后，就不需要争斗，其他主雄猴看到施霸就要妥协、回避。

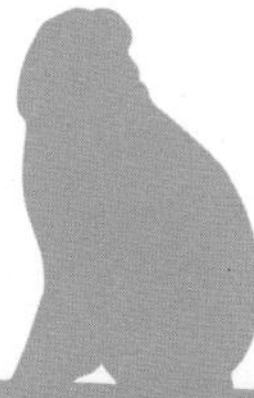

猴爷爷

在光棍群中有一位经验丰富的老猴子——“猴爷爷”。在猴爷爷的帮助下，断手的生活技能有了很大提高。

▲ 吃真菌 – 朱平芬　拍摄

"猴"以食为天，进入光棍群的断手，首先面对的就是吃饭问题。就像我们人类每天要吃三餐饭一样，断手每天都要花费大量的时间和能量来寻觅食物和处理食物。虽然我们可以将动物的采食行为等同于人类吃饭，但是断手的觅食却远比人类吃饭复杂得多。

有一次，断手、壮壮和黄毛在地面一截枯树桩上发现一朵漂亮的蘑菇。大胆的壮壮不管三七二十一直接摘下来就要往嘴里送。突然背后伸出一只大手，一下子将壮壮到嘴边的蘑菇打落在地。

这是猴爷爷，它是光棍群中年龄最大的一只猴。虽然现在是光棍，可以前也是威风八面，妻妾成群。只是后来年纪大了，被那些年轻力壮的雄猴打败了，失去了家庭，从而流落到这光棍群。它的脸上有一道深深的疤痕，暗示着曾经打斗的激烈。如今的猴爷爷早已厌倦了刀光剑影，只想在猴群中安度晚年。在滇金丝猴的社会中，像猴爷爷这样已经非常幸运了。很多猴儿在家庭的争斗中都受到重伤，有些甚至丢了性命，比如之前断手的父亲。

猴爷爷及时制止了将要进食的壮壮。只见壮壮用迷糊的眼神盯着猴爷爷。黄毛呆头呆脑，更加迷糊。断手好像明白了什么。猴爷爷随后在旁边采摘了一串珊瑚状的蘑菇，晶莹剔透，那是珊瑚菌。猴爷爷将采摘的蘑菇放到嘴里咀嚼起来，这是在给猴儿们做示范。3 只猴儿不约而同地到旁边采摘了同样的食物放到嘴巴里，有样学样。这其实就是滇金丝猴的学习过程，它们很会模仿。年长的猴子会教小猴哪些能吃，哪些不能吃。这也可以说是猴群中的文化传承，经过一代又一代的传承，它们把对大自然的认识深深地刻在了基因中。

自此，这 3 只小猴非常乐意跟猴爷爷在一起。在它们眼中猴爷爷就是一张活地图，它熟悉森林里的每一个角落，知道哪些食物能吃，哪些不能。渐渐地，小猴子们的食物丰富起来。它们只管跟着猴爷爷后面，有样学样，猴爷爷吃什么，它们就吃什么。

有些时候猴爷爷的食物很独特。有一次，猴爷爷跑到一块岩壁下，扒开岩石下的碎石片，弯下身子，去舔食地面的土壤。断手跟在后面，怯生生地看着猴爷爷的怪异行为。猴爷爷抬起头看看旁边的断手示意可以跟着做。断手弯下身子学着猴爷爷的样子舔食地面的土壤，咸咸的。其实猴爷爷取食的土壤中含有盐，这是它们身体所需的一种物质。猴爷爷野外经验丰富，知道哪里的土壤含盐量高。

为了调节各种食物的营养平衡，断手会选择多样性的食物种类，它的各类食物中含有糖类、蛋白质、淀粉、纤维素和一定量的矿物质元素。在猴爷爷的指点下，断手的食谱广泛，取食的食物种类高达 100 多种。它们的食物不仅来自乔木、灌木，而且还有草本植物，偶尔也取食昆虫、鸟蛋等。断手并不是随机选择食物种类，一年四季中，断手有不同的食物偏好。断手喜欢取食春

▲朱平芬　拍摄

▲松萝

季植物的嫩叶，夏季的竹笋，秋季的果实，冬季的松萝。与老的树叶相比较，嫩叶含有更高的蛋白质，而果实或种子中的蛋白质含量要比植物的其他部分更为丰富，它们能为断手提供更好的食物营养。竹笋是滇金丝猴夏季的一种重要食物。竹笋的高营养为断手在即将到来的交配季节里提供了必要的能量保证。同时，竹叶也是断手全年取食的一种主要食物资源。在白马雪山地区松萝是一种分布广泛、生物量较高，且全年能够摄取的食物资源。在其他食物资源匮乏时，松萝成为了滇金丝猴的必选食物。此外，合腺樱、花楸、吴茱萸五加、短梗稠李等落叶阔叶树种也是它喜欢的食物资源。断手多样性的食物选择，可以在一定程度上能够解决它营养平衡的问题。

除了这些常规的食物外，断手偶尔也开开荤。有几次，在野外断手和小伙伴们协作捕杀红嘴蓝鹊，随后和小伙伴们取食被捕杀的鸟肉。可见，滇金丝猴有能力捕杀小动物扩大食谱。除了荤素搭配外，断手有时候也会趴在地上取食土壤，补充矿物元素。

在猴爷爷的言传身教下，断手不断学习生存的本领，它知道了更多的食物可以吃，也知道了哪些食物不能吃。断手即将迎来离开家的第一个冬天，在没有家人的照顾下，它能否再次熬过来呢？

▲ 吴茱萸五加

▲ 短梗稠李

▲ 花楸

博士有话说

丰富的食谱

为了观察研究猴群的食谱，黎大勇从2008年6月到2009年5月，在响古箐地区每个月观察10天，记录猴群的取食行为。研究期间，他共记录到滇金丝猴取食42个科，共计105种植物的188个不同部位（包括真菌类9种）。另外，他还观察到滇金丝猴取食2种鸟，2种鸟蛋，1种鼯鼠和1种昆虫。人类中有许多“吃货”，总喜欢尝试不同的食物，滇金丝猴也不例外。不同季节滇金丝猴的食物组成不同。响古箐滇金丝猴不同季节的食物构成，随着食物资源的季节性变化而随之改变。春季，它们取食植物的嫩叶，夏季取食植物的老叶和竹笋，秋季取食植物的果实，冬季食物匮乏时，也啃食草、茎和树皮等。

滇金丝猴为何吃土?

其实吃土并不是滇金丝猴的专利。研究表明，疣猴类动物普遍存在食土现象，如黑白疣猴、黑冠叶猴、若氏疣猴、长尾叶猴、戴帽叶猴、红疣猴等。灵长类的食土行为，一般有以下几种解释:①获取土壤中的盐分。植食性动物为满足矿物质的需求，通常从周围环境中补充盐分。比如，广西的白头叶猴有舔盐行为。滇金丝猴食物中的灰分含量高于其在非食物中的含量。滇金丝猴与其他瘤胃动物一样需要补充盐分，因此它们食土可能与从土壤中获取盐分有关。②解毒作用。取食的泥土能吸收包括酚类和次生代谢物在内的一些有毒物质。③摄取矿物质。对疣猴取食的蚁巢土壤分析表明，其中一些营养元素，如钙、钾、镁的含量很丰富。④调节前胃胃液的 pH 值。取食的泥土有助于吸收有机物质，如脂肪酸，来防止胃液过度酸化而影响微生物的发酵过程。全年滇金丝猴用一半的时间来取食松萝，这是因为松萝是一种分布广泛、生物量较高，且是全年能够摄取的食物资源。在其他食物资源匮乏时，松萝成为了滇金丝猴的必选食物。但是，当滇金丝猴能够取食大量其他植物的叶、果实和竹笋时，它们会减少松萝的摄入量。

暴风雪来了

这个冬天尤其寒冷，中国南方遭遇了多年难得一见的暴风雪。断手将如何度过这个寒冬呢？

▲ 抱团取暖 - 朱平芬　拍摄

这年的冬天特别漫长，中国的南方遇见了百年一遇的寒冬，断手所在的白马雪山也没有幸免。

一场罕见的暴风雪袭来，大雪几乎下了整整一个月。整个白马雪山白茫茫一片，厚厚的积雪覆盖了土地。在这场持久的暴雪影响下，很多动物出现伤亡，斑羚、毛冠鹿、豹猫、小熊猫、麂子，都不同程度地减员。断手发现一只冻死的小猴。看着这只已经死去的同类，一种莫名的伤感油然而生。森林中一种动物的死去为另一种动物提供了机会。这里不久将会成为餐厅。

断手刚走不久，以腐肉为食物的大嘴乌鸦过来了，它们是森林中的密探，往往最先发现食物。大嘴乌鸦发现死去的小猴，可

▲ 大嘴乌鸦－赵序茅　拍摄

是猴子的尸体被冰雪冻住，它无处下嘴。别急，大嘴乌鸦有的是办法。不一会儿，它开始四处鸣叫“嘎嘎、嘎嘎”。它要将发现食物的信号传递出去，让更多的食腐动物知道。森林中的食腐动物知道大嘴乌鸦的习性。不一会儿胡兀鹫来了，这也是食腐的鸟类，有强而有力的喙，可以撕开动物的皮毛。这正是大嘴乌鸦乐于看到的。胡兀鹫将猎物撕开后溅出来的碎肉，就是大嘴乌鸦的美味佳肴。不一会儿石貂也来了，这是一种小型食肉动物，本来对于腐肉不屑一顾，如今天寒地冻，猎物难寻，于是也吃起了腐肉。到了下午，野猪来了，它三下五除二就将剩余的猴子残骸一扫而光。野猪是个贪心的家伙，如果是它首先发现食物，它会将食物

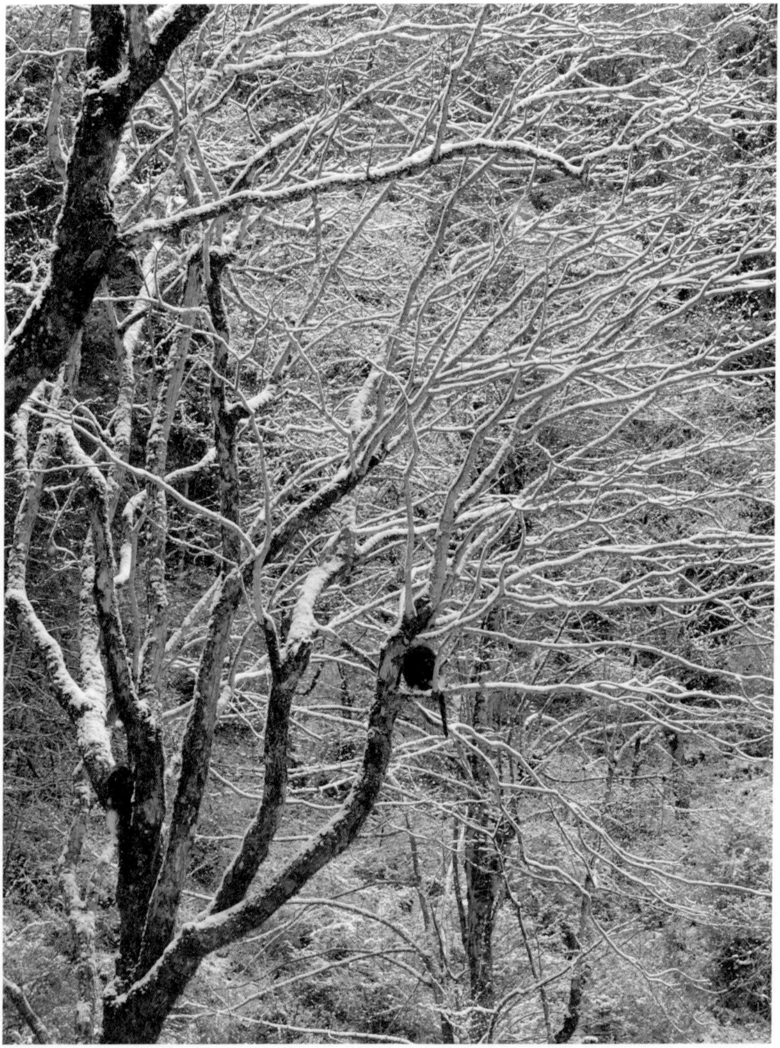

▲暴风雪后的白马雪山－夏万才　拍摄

隐藏起来，吃独食。

断手恐惧极了，它从来没有见过这么大的雪。别说是它，就连生活在这里十几年的猴爷爷也没有见过。天寒地冻，断手冷得瑟瑟发抖，它和壮壮、黄毛紧紧抱在一起，给彼此温暖。雪还在下，在这场旷日持久的暴风雪中，长苞冷杉、云南铁杉、云南松、曼青冈不堪积雪重负，200 多棵挺立上百年的参天大树纷纷倒下。高山杜鹃、沙棘和一些低矮的灌丛被雪覆盖。这给猴子们的生活造成严重的威胁。

这些倒掉的大树是断手们的过夜树，根深叶茂，四季常青，树冠大而密集，如同华盖。猴子们晚上睡在上面既可以遮风避雨，又可躲避天敌。如此多的过夜树大规模地倒下，严重影响猴儿们的休息。即便是原始森林中，寻找这么多的过夜树也不是一件容易的事情。它们必须寻找新的过夜地。

眼下它们还有一件比寻找过夜树更为急迫的事情，那便是寻找食物。寒冷的季节里，想要保持体温，没有足够的食物是万万不行的。冬季里食物短缺，很难找到高能量的食物，滇金丝猴 80% 的食物都来源于松萝。而此刻，被大雪压倒的大树往往都是覆盖着许多松萝的树木。大树一倒，断手所在的猴群陷入了严重的食物危机。不仅是它们，整个白马雪山都是如此。饥饿在整个森林中弥漫，死神正在悄悄来临。群中已经有 5 只青年猴相继倒下。

家有一老，如有一宝。关键时刻还得看猴爷爷。猴爷爷带领小猴们四处寻找松萝。食物都被埋在厚厚的积雪下面。小猴们在雪中寻找食物非常危险，近 30 厘米深的雪，断手每前进一步都很艰难。幸好有猴爷爷在，它带领断手在周围找到了一条秘道。这是一条宽 40 ~ 50 厘米的通道，上面有很多小动物的脚印，比如松鼠、麂子、豹猫。这条道路是野猪的杰作。野猪是森林里的翻土机，为了寻找食物，它会将土壤翻过来，寻找地下的植物根茎和一些昆虫。下雪天，野猪不辞劳苦，在地面上拱出一条长长的“猪径”。野猪此举不仅方便自己寻找食物，还为其他小动物在雪地行走提供了极大的便利。这片被大雪覆盖的森林中，这条“猪径”犹如森林中的高速公路。在猴爷爷的带领下，断手它们沿着“猪径”寻找食物，在这上面行走方便多了。

不一会儿，猴爷爷在一棵枯倒的云南铁杉上找到了食物。它们将上面的积雪扒开，取食下面的松萝。松萝虽然能量不高，营养有限，却是一年四季都可采食的食粮。尤其是这样寒冷的冬季，其他食物资源匮乏，松萝就成为了必选。

幸运的断手在猴爷爷的帮助下，终于熬过了寒冷的冬季，它顽强地活了下来。可是，如今家园被暴风雪摧毁，过夜树也倒了，断手又将何去何从？

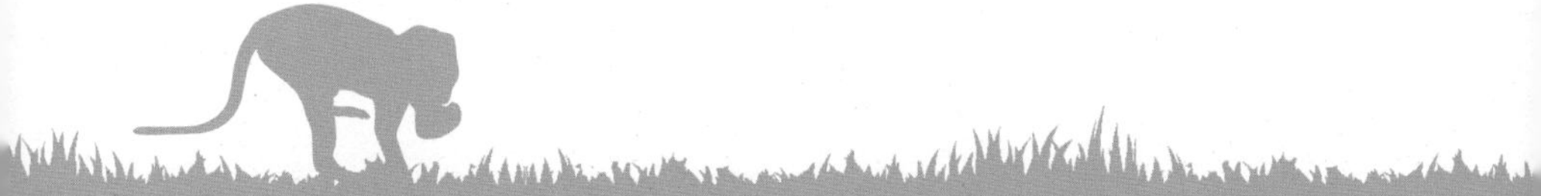

游走

暴风雪停了，为了寻找更多的食物，猴群必须搬家。一路上非常艰辛，但也是难得的磨练。

▲ 暴风雪后的白马雪山 – 夏万才　拍摄

这次罕见的暴风雪后，诸多大树被压倒，猴群开始转移地盘，寻找新家。即便是没有暴风雪，猴群每过一段时间也会转移觅食地，这被称为“游走”。猴群从不安土重迁，每当活动的地方的食物所剩无几时，猴群不能坐吃山空，它们必须在食物枯竭之前寻找新的资源，迁到新的地盘，类似于人类中的游牧民族，逐水草而居。

光棍群里的猴爷爷平日里不显山不露水，可是每到关键时刻，它就发挥出不可替代的作用。猴爷爷差不多是猴群中最为年长的一只猴，虽然不复当年之勇，可是它走过的路，比别的猴过的桥都多。

▲ 雪中母子 - 朱平芬　拍摄

因此，在猴群游走的时候，猴爷爷带领光棍群走在最前面，引导猴群向合适的地方前行。

可是茫茫林海，猴爷爷如何熟记各种地形呢？这是因为，像猴爷爷这样的老猴把之前走过的地方都记在了脑海里，这种功能被称为环境印象地图。在环境印象地图的指引下，猴爷爷清楚地知道哪里食物资源丰富。在猴爷爷的带领下，光棍群比那些小家庭中更容易取食到高质量的食物。断手一直跟在猴爷爷后面，仿佛这就是它坚强的依靠。行进的路上，断手不时可以听到一些小猴子发出的清扬而略含鼻音的低叫声，这是群内个体间保持联络的信号。

猴群在行走中是非常有秩序的。断手和它的伙伴们作为前行小群，走在前面为大家探路。一旦它们坐下休息，后面的猴群就会有样学样，也坐下休息。当断手行经岩坡时，它的腰臀扭动了下，好像失去了平衡，好在有惊无险。后面的猴儿们看到断手此状，稍作犹豫就绕岩而过，并不跟随断手翻岩上爬。

断手所在的先行群始终和后面的大群保持一定距离，频频转脸互相注视。先行群内也有一定的秩序，有一次断手和小伙伴们刚想要加速前行超越前面的大光棍猴，就被那只大光棍猴龇牙咧嘴地吼回去了，断手只好乖乖地退回去，直到 30 米开外。

中午过后，猴群开始了下午的行程。猴爷爷带着断手和其他猴儿悄然走出山洼密林北缘，它突然停了下来。前面山脊下方是一片光土坡，没有树木遮蔽。猴爷爷非常担心这样的地形，因为很容易受到伏击。于是，猴爷爷示意大家放慢步伐，加强警戒，断手、壮壮、黄毛 3 只猴呈“品”字形警戒状，约 1 分多钟之后才挪动几米，反复如此数十次才穿过这片仅约 15 米宽的小空地。猴爷爷爬上一块大岩石向四周观望了几秒，发现这里是东西走向的山脊脊部。随后，猴爷爷带领猴群缓慢行走穿越至小山脊北侧，进入一片栎树林中。此后，猴群后面的各个小家庭相继而出，沿相同路线逐个跟随而来。每当猴群游走的时候，光棍群总会走在最前面。它们平日里不受待见，这个时候却成为猴群的开路先锋。那些主雄猴们要照看家庭，维持秩序，不让家庭成员掉队。

呼啸的寒风往山谷吹来，尽管身披厚厚的皮毛，断手还是冻得瑟瑟发抖。相比在暴风雪中逝去的同伴，它已经算是幸运的了。可是，它还没有走出饥饿的阴影，随时都可能一命呜呼。只有能等到来年的春天，它才会足够安全。在这寒冷的季节中，想要维持体温，断手必须做好开源节流。

断手跟在猴爷爷身后寻找食物，也只能是勉强维持温饱。想要痛痛快快吃饱，几乎是不可能的。林中再次传来大嘴乌鸦的叫声。断手发现前方有一只冻死的红嘴蓝鹊被埋在雪里。断手从雪地里把

▲ 红嘴蓝鹊－赵序茅　拍摄

它扒出来。虽然平日里吃素，但如今天寒地冻，能吃上肉，那可是上天的恩赐。其实在夏季的时候，断手也和同伴们一起抓捕过红嘴蓝鹊，对它并不陌生。可现在红嘴蓝鹊被冻住了，如同冰块一样。断手没有锋利的犬牙，无法撕开，不过它会想办法。它把捡来的红嘴蓝鹊放在太阳底下。不一会儿，红嘴蓝鹊开始解冻，身体变软。断手将羽毛一根根拔去，而后进餐。

猴群大约经过两周的长途跋涉，来到了一片茂密的针阔叶混交林，这片森林主要由长苞冷杉、苍山冷杉等多种冷杉组成。它们终于找到一块风水宝地，可以再次短暂停留。就这样，猴群终于可以熬过漫长的寒冬了。

生态系统内的每一个物种都互相联系，没有一个物种可以强大到肆无忌惮，也没有一个物种弱小到完全任人宰割。松萝、冷杉林和滇金丝猴之间就维持着动态的平衡。松萝抑制冷杉的生长，松萝多了，甚至可让冷杉“窒息”而死。然而如果松萝少了，又会造成滇金丝猴的食物不足。为了维持自身所需要的最低的食物需求，聪明的滇金丝猴知道如何控制松萝生长。它们在大范围的区域内活动，以保证自己既有足够的松萝吃，又可以控制松萝过分蔓延，防止松萝危害冷杉林。在松萝、冷杉和滇金丝猴之间，滇金丝猴巧妙地发挥了自身的平衡作用，使得三者在一定程度上形成了一种共生共存的关系。如果三者中任何一个角色消失，都将影响系统中的生态平衡。大千世界，均势平衡。

在猴群共同努力下，现在它们终于找到了新的地盘，可以松口气，稳定下来。可是，断手却发现猴群内部发生了变化，那些家庭的主雄猴都用一种怪异的眼神看着它，它预感自己在猴群的好日子不多了。

▲ 滇金丝猴 — 夏万才　拍摄

博士有话说

猴群的游走行为

为了研究猴群的游走行为，从 2003 年到 2005 年，向左甫博士在小昌都工作了 248 天，观察猴群的游走。向左甫博士通过观察发现，小昌都猴群的家域为 21.25 平方千米。一般而言，由于树叶分布均匀且数量丰富，滇金丝猴通常采取“低成本、低收益”的觅食对策，它们只需移动很短的距离就可以满足取食需求。因此，滇金丝猴的家域比其他体形相似的非疣猴种类都要小。但是由于食物供给的季节性变化、过夜地的分布及温度变化的影响，滇金丝猴要进行定期游走。对比吾牙普亚的猴群日移动距离 1 310 米，小昌都猴群的日移动距离只有 771 米。它们之间的移动距离的差异和所生活的环境息息相关。在吾牙普亚，猴群能够利用的栖息环境多，可以在不同的栖息地移动。相比之下，在小昌都，猴群多年局限于 20 多平方千米的地域内活动，且家域的 95% 在海拔 3 800 米以上。与南部的吾牙普亚群比较，小昌都地区食物质量更差，真是同猴不同命。所以，小昌都猴群采取的是“高投入、低付出”的策略，压缩其他活动的时间，集中精力用在觅食上。

离开猴群

成年的断手已经到了成家立业的时候了，可是此时的它成了其他主雄猴的眼中钉。不得已，它只得离开猴群，去闯出自己的一片天地。

▲ 断手－夏万才 拍摄

春天来了，积雪一点点融化，压在雪下面的早春植物已经萌发，它要抢占生存空间，等到雪完全融化就来不及了。冬季里枯倒的树木成为森林中的一大景色。这些高大的树木活着的时候涵养水源，保持水土，为森林中的动物提供食物和夜栖地；等它死亡后，松鼠、啄木鸟、鸮要在里面筑巢。枯死的树木倒下后，昆虫在里面繁殖，真菌在上面生存，直到最后，木屑被彻底分解，回归大地，为新生的植物和树木提供营养。

光棍群中的猴爷爷去世了，它熬过了寒冷的冬季，却熬不过时间的年轮，它走了。它年轻的时候风光过，它的后代也已经将它的基因传递了下来。暮年的时候它又把自己毕生的生活经验传授给了下一代，在猴群中完成了自己的使命，已经没什么遗憾了。而陪伴断手成长的猴爷爷死去了，这对断手是一个巨大的打击，从此它要更加成熟。

断手渐渐长成了一只大猴子。残缺的右臂丝毫不影响它的威武，反而彰显出一种饱经沧桑的自信和从容。在光棍群中，断手和其他成员有过无数次“仪式化”的打斗，即便只有一只胳膊，断手也能击败那些双手健全的同伴们。俗话说“人怕出名猪怕壮”，此刻的断手成为各个小家庭重点防御的对象，那些拥有妻妾的主雄猴们视断手如“眼中钉，肉中刺”。

断手成年了。滇金丝猴一般 5 岁性成熟，可是想要找到一个心仪的对象可不是一件容易的事情。它们的社会中很少有自由恋爱，雌性资源都集中在一个个小家庭的主雄猴手中。家中的主雄猴“家法严格”，它们绝不允许别的雄猴进入自己的家庭，哪怕在附近溜达也会遭到驱赶。

秋季的一天，断手在云南铁杉林中觅食，它爬到吴茱萸五加树上采摘果实。这种果实中糖分含量高，可以让断手很快补充能量。因而，断手在秋季有更多的时间进行社会活动。秋天是猴群集中交配的季节，虽然一年中都可以交配，但是秋季最为集中。森林中弥漫着荷尔蒙的味道。那些有家庭的主雄猴，在忙着“造猴”大计。它们妻妾成群，应接不暇。而光棍群里的雄猴们，尤其是那些已经成年的雄猴们，就没那么幸运了。

断手正当青春期，在荷尔蒙的刺激下，它偷偷溜到别的猴子的地盘。它也想接近这些小雌猴。突然，一只主雄猴从一棵云南铁杉背后蹿了出来，它四肢着地，迈开步子，威武雄壮，尾巴蓬松且粗长。它体形比断手大一圈。主雄猴抬起头，露出牙齿，张开大嘴。张嘴的这种动作模式多半是表示威胁或攻击，发起者朝向对方把嘴张开很大，露出尖尖的犬齿，时而不发声，时而发出“哇哇”的叫声，头、颈、肩、身躯和四肢处于紧张状态，眼睛直盯着对方。

断手虽然体形高大，可是力量上和实战经验上还远远没有达到最强的时候，尤其是在遇到小家庭中那些身经百战的主雄猴时仍不敢贸然挑战。要知道能建立自己家庭的主雄猴，必定是猴群中的佼佼者，无论是身体素质还是打斗能力都处于前列。断手虽然在全雄单元里也算是出类拔萃，可是面对这些真正的高手时，就如同“小巫见大巫”。

断手害怕极了，它一下子匍匐在地。这是猴子求饶的意思。30秒后转身离开。断手从来没有见过这等架势。虽然以前也遭遇过主雄猴，可是没有像今天这样，这次的对手一副要置他于死地的架势。这个时候，断手必须隐忍、屈服，如果自不量力，和强大的对手硬碰硬，性命都可能保不住。在生存面前好汉不吃眼前亏，每当断手面对主雄猴的威胁时，它就上身往前躬，缩颈、低头、眉毛下垂，下巴往里稍收，手撑地面，目光斜向上眼看对方，做出一副屈服的姿态。这就类似于人类敌不过对手，举手投降。做出屈服的姿势后，能否获得宽恕，还要看对方的态度。如果此时对面的主雄猴停止恐吓，断手则会在原地放松，自由活动。如果断手觉得有被攻击的倾向，就会迅速逃跑，远离危险。

不仅是断手，最近这段时间，壮壮和黄毛也曾多次遭到主雄猴的恐吓和驱赶。一次壮壮跑得慢还被主雄猴打了。

实际上断手的厄运才刚刚开始。平常生活中，断手和那些主雄猴们“往日无冤，近日无仇”，即便是因为地盘发生冲突，断手只要选择屈服，一般不会和主雄猴发生激烈的冲突。但是到了秋季，猴群集中交配的季节，情况就不同了。那些拥有家庭的主雄猴，时刻提防着像断手这样的光棍猴，在它们眼里，断手就是潜在的威胁。只要断手一旦靠近自己的家庭，它们就会驱赶、威胁，有时甚至追着打。这段时间里，主雄猴们就像发疯似的，有些时候断手仅仅是远远地从旁边经过，也会被殴打。

为了应对那些主雄猴的威胁，断手行为上格外低调，就连身体上也发生了某些变化。最明显的就是断手的红嘴唇。随着年龄的增长，断手的红唇越发红润。在非交配期的时候，断手嘴唇的红润程度和那些主雄猴相差无几。然而，到了交配期的时候，断手的嘴唇会褪去红色，那些拥有老婆的主雄猴的嘴唇则变得更红。这其实是断手一种韬光养晦的策略。原来，在滇金丝猴的等级社会中，红唇是一种权力和地位的象征。如同中国古代封建社会中，龙的图案只有皇家才可装饰、佩戴一样，平民百姓一旦穿戴，就是大逆不道。同样，

▲ 红唇 - 朱平芬　拍摄

在特殊时期，雄性滇金丝猴红唇的变化是一种生存的策略。主雄猴的红唇越发红润是向那些蠢蠢欲动的光棍们传递一个信息："孺子欺我年老，我手下宝刀未老。"而断手这样的单身汉们褪去红唇是一种妥协，以此向主雄猴们表明"没有僭越的野心"。主雄猴位置如同皇帝的宝座，即便是可能肝脑涂地也有猴不断冒险。但凡造反这种极具危险的行当，没有猴子愿意大张旗鼓地进行，除非它已经拥有了无可比拟的实力。一般来说，滇金丝猴性情温顺，即便是争抢食物，也多是仪式化的进攻。但是在保护家庭上，它们绝不心慈手软。发情期公猴之间的打斗非常激烈，甚至会闹出“猴命”来。

由于光棍群里的单身猴们大都受到过主雄猴的欺负，断手和这些同病相怜的小伙伴就自然而然地成为难兄难弟。断手和这些小伙伴们在一起，通过平日里的玩耍、打闹为日后抢夺老婆的战斗积累实战经验。它们有时你追我跑，有时互相张嘴，进而抱臂摔跤式地扭玩在一起，这与平常争斗无异，只是动作更加夸张、虚假。它们还不时用嘴触碰，咬住对方身体上自己能碰到的部位，却没有闭合噬咬动作。它们还经常“单玩”，或跳跃翻腾，或短距离猛跑一气，或双臂悬垂式臂走，独自玩耍也能乐在其中。

此外，断手和其他小伙伴通过相互理毛增进友谊。理毛者坐在被理者身旁，双手分开其毛发，不时用食指抠划毛发裸露之处，目光紧随手的活动位置，嘴唇不时微微一张一合，双唇触碰发出吧嗒声，有时还会用嘴触碰毛发，清理异物。

即便是断手忍辱负重，它依旧无法改变主雄猴们对它的排挤。猴群里，各个家庭的主雄猴都担心身强体壮的断手会威胁到自己的地位，害怕失去自己的家庭妻儿。只要断手经过，它们就对断手进行恐吓、威胁，甚至驱赶。“欲加之罪何患无辞”，很多时候断手在自己的地盘上觅食，也会被那些主雄猴们赶走。

眼下，断手在这个猴群已无容身之地，它必须离开了。可是离开猴群之后，它又能去哪里安身呢？

成家立业

断手和壮壮、黄毛开始了游历冒险生涯，它们四处游走，经历了各种艰难险阻，最终走到了响古箐。它们能否为自己的生存打下一片天地呢？

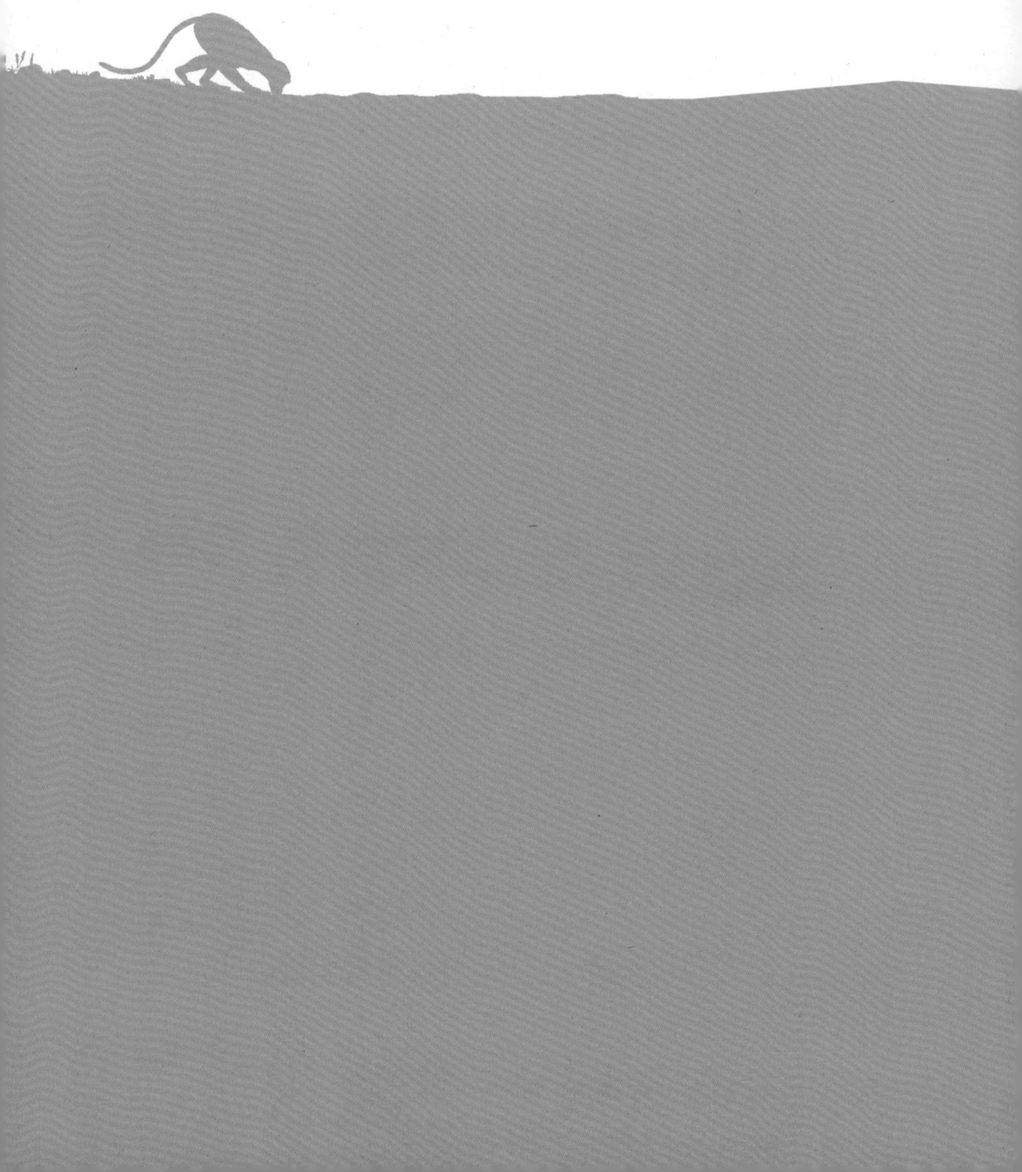

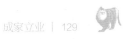

遇见猕猴

在白马雪山，除了滇金丝猴外，还生活着它们的亲戚，例如猕猴。可是猕猴的社会形态跟滇金丝猴完全不同。

▲ 猕猴

已经没有容身之地的断手、壮壮和黄毛相伴而行，离开了猴群。这是它们第一次离开猴群，不了解外面的世界，不知道到何处才能找到栖身之处，但代代相传的智慧告诉它们，要沿着食物丰富的方向行走。

离开猴群之后，断手它们行走得很慢，沿着有食物的地方一边走一边觅食。一路上除去吃饭、休息，它们每天行走 1 ~ 2 千米。经过大约 1 个月的时间，它们远离了原生猴群，再也看不到它们的踪迹。

它们来到一片海拔高度 2 600 ~ 3 300 米的针阔叶混交林，主要树木为油麦吊云杉。断手不知道这是什么地方，它们从来没有来过，只知道这里有吃的，可以轻松填饱肚子。断手非常喜欢采摘荚迷的果实，红红的、一串串的，犹如一颗颗红色的宝石，漂亮极了，吃在嘴里酸酸的。这些果实含有丰富的维生素，可以满足身体的需要。还有悬钩子的果实，软绵绵的，含有大量的淀粉。可是悬钩子的身上长满了刺，不小心扎到了可不是闹着玩的。断手格外小心，尽量不让刺碰到身体。不过，和这些果实相比，断手最喜欢野生的猕猴桃，摘上几个就可以填饱肚子了。

断手非常喜欢这片森林。可是这片林子已经有主了。不一会儿，断手听到尖锐的叫声，听起来好像是自己的亲戚。这是一群猕猴，活跃在针阔叶混交林中。白马雪山里，除了滇金丝猴外，还有猕猴和藏酋猴。猕猴平时很少能见到滇金丝猴，因为它们各自生活在不同海拔的山林中，猕猴所在的海拔相对低些。当然它们偶尔也会相遇。如果是猴群遇见猴群，由于滇金丝猴块头更大，往往是猕猴先回避。这一次，断手它们遇上了猕猴群。

▲ 离家的青年猴－朱平芬　拍摄

最先发现断手的是猕猴群中的哨兵，紧接着猴王来了。虽然同是猴科成员，滇金丝猴和猕猴在社会结构上相去甚远。猕猴是一个典型的母系社会，地位最高的雌性猕猴权力最大，它占有最好的资源，并且可以把自己的地位传下来，等级高的雌猴生下的后代依旧等级高。后代之间，以小为大。比如一只雌猴生下3个女儿，三姐妹中最小的那个地位最高。猕猴中也存在全雄单元，里面的老大被称为猴王。它们主要承担保卫猴群、维持群内秩序及跟群内高等级雌性交配的重任。这一次轮到猴王出场了。只见那猴王身后簇拥着一干“猴等”。它们离断手它们相距不足10米。猴王张开大嘴，发出嘟哝声，这是在向断手它们示威。

敌众我寡，该怎么办？起初三猴意见不统一，壮壮想要应战，它天不怕，地不怕；而黄毛害怕极了，它想离开。但这时周围的猕猴数量越来越多，三猴最终决定一起离开了。猕猴王并没有追赶。经过这一次和猕猴群的遭遇，断手意识到群体的重要性，想在这块森林中存活，必须依靠集体的力量。可是它要到哪里才能找到一处可以接纳自己的猴群呢？

此刻的断手，遭遇了“猴生”第二个低谷，是它继手臂被夹断后面临的最为艰难的时刻。被出生成长的猴群赶出来，遇见猕猴群又敌不过，它要到哪才能生存呢？森林虽大，何处可以安身？

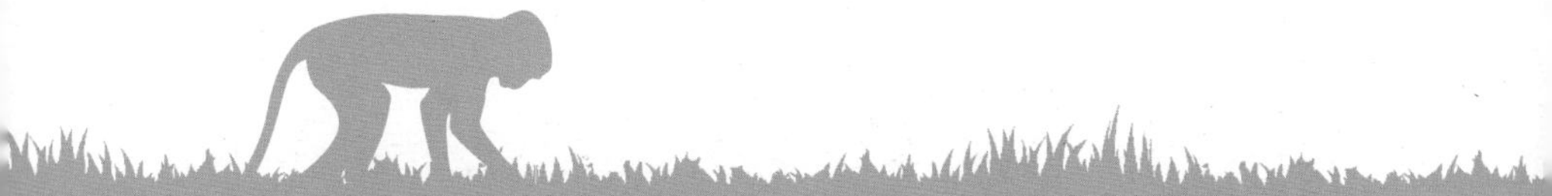

同胞遇害

寻找可接纳自己的猴群的路途极为艰辛，有同伴就在路上遇难了。可是断手还得一路前行。

▲牦牛群－赵序茅　拍摄

断手一行向南行进了一段路程后便发现了地面上人类留下的痕迹。正所谓“一朝遭蛇咬，十年怕井绳”，断手小时候就是因为中了不法分子的圈套，被夹断了右臂。从此之后，人类这种“两脚兽”，在它的脑海中就成了魔鬼。

没过多久，断手的判断得到了验证，密林中传来几声“汪汪”的狗吠。真是怕啥来啥，断手听到狗吠，如临大敌。在自然界中，狗对滇金丝猴构不成威胁，但是它背后的主人，会给家族带来灭顶之灾。断手和小伙伴们立即转移，它们不敢下树，在树枝间跳跃，尽快离开这个是非之地。自然界中的天敌它们尚且有办法防御，可是面对人类的天罗地网，断手却心有余悸。因此，只要发现人类活动的痕迹，它们就立即躲得远远的。

可是如今，断手发现人类活动的痕迹越来越多，想在茂密的森林里选择一块人类尚未踏足的净土，变得越发困难。

附近的村民进山挖药的越来越多，林中一条条小路，就是硬生生地被这采药人走出来的。山上随处可以嗅到人类的气味。断手不得已在山里和这些贪婪的人类玩起捉迷藏。人类的活动已经严重干扰它们的正常生活。这还不算，最为致命的是人类开矿、修路、伐木，甚至将它们的家园铲平。断手小的时候，它所在的群与北面的几个猴群还可以互相来往，如今已经被道路阻隔，不同猴群被彼此孤立，天各一方，有家难回。

在流浪的过程中，断手和它的伙伴们无时无刻不在提防周围的人类活动。如今它们对人类的警惕，已经远远超过自然界的天敌。此刻，断手更加意识到生活在猴群中的好处，“猴多力量大”，众猴聚在一起，可以更加有效地防御周围的敌情。如今，它们 3 只猴在“猴生地不熟”的密林中穿梭，还要时刻提防周围危机。它们丝毫不敢掉以轻心，生怕“一失足成千古恨”。于是，断手加快了转移的步伐，它们想尽快找到猴群，有一个落脚的地方，告别整日提心吊胆的生活。

可是“道高一尺魔高一丈”，断手它们怎能敌得过人类呢。狡诈的不法分子有多年的野外观察的经验，他们深知林子虽大，可是动物的兽道却是有迹可循的。

断手它们行走途中感到口渴，于是到周围寻找水源。不远处，它们听到了潺潺的水流声。它们小心翼翼地接近水源，口渴难耐的壮壮刚准备饮水，突然跌倒在地。再起身，却发现左腿被钢丝套给套住了。这是一个活扣，越挣扎勒得越紧。断手见状，害怕极了，它小时候就是被这种钢丝套夹住才失去了右臂。断手深知这个套子的威力，它和黄毛走到壮壮面前，试图帮它解脱。可是钢丝套依旧勒得很紧，任凭它们百般努力，都无法帮壮壮解脱。就在此时，远处再次传来狗吠的声音，断手害怕极了，一定是“两脚兽”来了。听到狗吠声后，黄毛和断手也顾不了许多，赶紧远远地跑开，壮壮还在不断地挣扎，发出惨叫声。断手听得心有余悸，当初惨痛的回忆不断刺激着它的神经。随着狗叫声越来越近，断手和黄毛只得选择离开。

亲眼看到同伴遇害，断手的情绪一落千丈，它们顿时意识到风险无处不在。眼下当务之急，就是尽快找到可以接纳自己的猴群，只有生活在集体中才是最安全的。可是断手它们要到哪里才能找到接纳自己的猴群呢?

各么茸猴群

断手遇到了一个全新的猴群。它们会接纳自己吗?

断手和黄毛一路向南，它们不知道此行目的地在何方。它们一边走，一边觅食，只要路上有食物，它们就不担心，可以一直走下去。后来它们到达了一片暗针叶林，这是一片理想的栖息地。高大的冷杉遮天蔽日，松萝一丝丝一缕缕从树上垂下，地面是厚厚的苔藓，走在上面软软的。

断手眼前一亮，它发现，在这片树林中散落着一些被啃食过的松萝。它通过残留下来的齿痕和气味判断，这里有一个猴群出没。不远处的一棵冷杉树下，断手又发现了猴群的粪便，它估摸着这是一个百余只猴的大群，大约在一天前曾经在这里过夜。于是，断手沿着猴群留下的痕迹向更高处的森林走去。几个小时后，断手一行被眼前冷杉林中松萝的数量震惊了，相比于刚才看到的冷杉林，这里几乎遍地都是松萝。断手赶紧停歇下来在这里大快朵颐。突然，它听到了同类的叫声，循着它们的声音，很快在一片高大的树林间发现了猴群。

断手它们看到的猴群，正是“各么茸”群，位于德钦县与维西县交界处。断手高兴极了，它以为找到了“组织”。

猴群虽大，可是能接纳它们的只有一处，那就是光棍群。断手和黄毛小心翼翼地靠近正在觅食的光棍群。这里在方圆几千米的范围内，有十几只光棍猴正在觅食，有的坐在树杈上采摘松萝，有的在地面上相互理毛。看到断手和黄毛来了，这里的猴儿们停止了觅食，上下打量着新来的同伴。那些青年猴们，对新来的“叔叔”充满了好奇。一只青年雄猴，想凑上去打个招呼，可是走到半道，又退了回来。不一会儿，一只老猴从地上慢悠悠地起来，它曾经是这里的主雄猴，脸上的伤疤，诉说着当年辉煌的历史，如今被其他猴取而代之，流落到光棍群生活。“同时天涯沦落猴，相逢何必曾相识”。老猴对断手它们充满了同情，它不介意它们入伙。断手它们高兴极了，有了猴群它们就不会再时时处处面临生命危险了。于是，它们加紧靠近猴群，向猴群提出接纳自己的请求。

不曾想，“半路杀出个程咬金”，家庭单元里的一只主雄猴从树上跳了下来，它威武雄壮，迈着霸王步，从容地走到断手面前。很显然，它不欢迎断手加入。走在前面的大公猴，对着断手呲牙咧嘴，发出威胁，进行驱赶。那只主雄猴把嘴张开很大，露出尖尖的犬齿，发出“哇哇”的叫声，眼睛直盯着断手和黄毛。

断手明白“强龙不压地头蛇”的道理，况且眼前敌强我弱，于是断手和黄毛趴伏在地面上，抬头看着对方。这是表示退缩，几秒后断手和黄毛离开了。

眼前的猴群虽然是一个集体，可是它们之间也分各个山头。同样一群猴，对待断手一行的态度出现分化，这背后是利益的角逐。光棍群的猴子和谁都没有利益冲突，自然一副泰然自若的样子。而眼前主雄猴不一样了，它有自己的家庭，时刻担心别人抢夺。本来家庭资源竞争就激烈，如今新来两只年轻力壮的大公猴，岂不是加剧竞争。因此，它们不愿意接纳新来的断手和黄毛。

好不容易找到了“组织”，却又不被接纳，断手一时不知所措。就此离开，不知哪里再能遇见新的组织。继续待下去吧，又不受待见。无奈，为了生存，断手它们只得远远地跟着猴群迁徙、采食、夜宿。可是它们的苟且，并没有获得猴群的同情。

没过几天，几个小家庭的主雄猴们纷纷注意到了新来的断手和黄毛。仅仅是光棍群里的那几只大公猴，就让各家的主雄猴感到头疼，它们无论如何不能让新来的断手一行进入猴群。

面对此等形势，断手它们几乎没了退路。不被猴群接纳，四处流浪的孤猴是很难在密林中生存下去的。此时，要想得到新猴群的尊重和接纳，它们还有一条路——采取残酷的暴力手段去征服对方。不过眼下的断手它们还不具备那样的实力。别说那一只只“如狼似虎”的主雄猴，就算面对光棍群里的几只大公猴都没有胜算。此处不留爷自有留爷处，断手决定离开这里再去寻找其他猴群。

不甘忍受屈辱的断手和黄毛一路向南上路了。

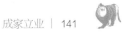

▲母子－朱平芬 拍摄

博士有话说

雌猴留守家庭会造成近亲繁殖吗?

滇金丝猴的社会中，雄猴长到约 3 岁会被赶出家门，而雌猴可以一直留下。因此，一个小家庭中的雌猴之间多具有血缘关系，它们可能是母女或者姐妹。这些留下的雌猴，会成为主雄猴的老婆。那样不会造成近亲繁殖吗？实际上是不会的。因为，一只雌猴从出生起需要 4~6 年时间才能达到生育年龄，而主雄猴很难维持一个家庭超过 3 年。也就是说，当家庭中的雌猴到生育年龄的时候，它的父亲早已不在家庭中了。这是滇金丝猴社会中在长期的生存过程中为了避免近亲繁殖形成的一种机制。

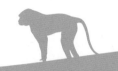

潜伏响古箐

初来乍到的断手发现响古箐和自己的故乡完全不同。这里有丰富的食物，简直犹如天堂一般。

费尽艰辛，历尽万苦，断手 8 岁那年，它和黄毛一起来到一个叫响古箐的地方。断手如今已经是一只成年的大公猴，它体格雄壮，英姿勃发，流浪的生涯锻炼了它非凡的毅力。

上一次在各么茸的经历让断手明白，想要成功地加入一个新的群体绝非易事，贸然进入不仅不会被接纳，还会引发不必要的冲突。断手必须仔细考量。

一个秋天的早晨，太阳刚刚升起，茂密的树林把太阳的光辉分解得支离破碎，在低矮的灌丛下印着的阳光斑驳陆离。断手身上黑色的毛发和这暗淡的铁杉林相得益彰，很难分辨出来。这是它身上天生的保护色，可以隐藏自己，躲避天敌和人类的袭击。由于只剩一只手，它在树上移动得比较缓慢。此外，树上行走发出的声响比较大，极易引起猴群的注意。

断手和黄毛初来乍到，可不想节外生枝。断手在地面上慢慢前进，它三肢着地，一前一后，每走 20 ~ 30 步，它就停下来观察下周围的情况，生怕惊动了这里的一草一木。黄毛紧随其后，它追随断手一路走来。突然，断手听到前方树上树枝晃动的声音。它立即判断出这是自己的同伴。一群光棍群的猴子在树上觅食。断手吸取之前的教训，没有贸然闯入，而是停在了周边，以行动告诉这里的猴子，自己并没有野心。

断手又往前移动了一段距离，它试着慢慢接近猴群。它可以清楚地看到有5只雄猴在觅食，是3只青年猴、2只亚成年猴。可是令断手困惑的是，这里的猴子警惕性太差了。它走到这么近的距离了，竟然还没有被发现。如果遇见天敌，它们可就遭殃了。之前在各么茸群的时候，断手隔着100多米就被站岗的猴子发现了。这个群可能不一般。

断手发现这些猴子严重缺乏警惕性，和各么茸的猴群没法比。断手试图靠近些，进一步了解情况。突然，断手听到地面沉重的脚步声，是“两脚兽”！断手对于“两脚兽”的恐惧，深深地印在脑海里，不可磨灭。

断手赶紧离开，可是令它好奇的是，看到“两脚兽”到了，这里猴群的猴子不但没有报警、没有逃跑，反而是去迎接。断手一脸迷茫，难到还有不怕人的猴？原来断手发现的这群猴已经习惯了与人类相处。

第二天，断手又来了。它发现“两脚兽”对这里的猴子也非常友好，每天还给它们送吃的。于是断手和黄毛先试着加入光棍群。这和断手3岁那年离开家加入光棍群时的境况相同，既没有欢迎，也没有受到排斥，来去自如。

可是让断手忧心忡忡的是这里活跃的“两脚兽”，他们每天都会过来。每一次，远远地看见“两脚兽”过来，断手就立即跑掉。经过几天的生活，断手发现这里的“两脚兽”每天都来给猴群送吃

▲ 抱团休息 - 朱平芬　拍摄

的，有大把的松萝，还有一些稀奇古怪的食物，它在野外的生活中从来没有看到过。起初，它看到“两脚兽”送来的食物，总是唯恐避之不及。而反观这里的猴子，对于那些“两脚兽”送来的食物趋之若鹜，尤其是鸡蛋。断手以前在野外采集过鸟蛋，可是它发现这些鸡蛋，比它之前发现的鸟蛋都要大。有一次，断手鼓足勇气，从树上吊着的袋子里取出 1 枚鸡蛋。虽然是第一次见到鸡蛋，可是断手善于学习和模仿。它学着其他猴子的样子，把鸡蛋放在嘴里轻轻地咬破，而后用力吸取里面的蛋黄和蛋清。它第一次品尝到这种美味，比它以往在自然界中吃到的鸟蛋要好吃多了。渐渐地，断手对这里产生了眷恋。和之前流浪的生涯相比，能找到这块安静的容身之地很不容易。

断手在这里陆续吃到其他食物。相比于自己在野外，这里的猴子似乎不用为生活操心。它们从不用担心吃饭，除了自己寻找一些之外，这些“两脚兽”每天都会按时送来可口的食物。久而久之，这里的猴子一个个懒洋洋的，肚子吃得圆圆的，长得胖胖的。

断手仔细打量这里的猴群，发现它们毫无斗志，它隐隐感到自己的机会来了。

博士有话说

光棍猴“娶妻”的策略

关于雄猴间的竞争也是非常有意思的，它们存在两种策略。有的雄猴愿意挑战那些猴群中地位高的主雄猴，这样的好处是一旦打赢可以拥有更多的老婆，因为等级高的主雄猴一般老婆也多。不过等级高的主雄猴一般也威武雄壮，挑战者失败的概率也高，受伤的可能性也大。所谓利益与风险并存就是这个道理。而另外一些猴子选择寻找地位较低的主雄猴下手。可是这些主雄猴，老婆数量少，虽然成功后获得的利益少，可是它成功的可能性大。这就是所谓的“捏软柿子”。

兄弟反目

为了争夺家庭，即使亲如兄弟的断手和黄毛也反目成仇。这是怎么回事呢？

“迎来日出，送走万霞，踏平坎坷，成大道，斗罢艰险，又出发，又出发……”断手历尽千辛万苦，终于顺利加入了“响古箐”猴群。

慢慢地，断手发现这些人和以往伤害过它们的人类不一样，他们丝毫没有影响猴群的生活，相反，他们的存在还起到保护猴群不受天敌和其他人类干扰的作用。原来，这些人是这片自然保护区的护林员。过了一段时间，断手终于放下心，大胆地靠近了猴群，进入光棍群。

此时，在响古箐的猴群中，有一只主雄猴格外显眼，它那偏向一边的嚣张的朋克式发型，不可一世的眼神，令众猴不寒而栗，这便是主雄猴偏冠。偏冠在响古箐猴群中可谓“无猴不知，无猴不晓”。和断手一样，偏冠也是外来的猴子，它到了之后直接挑战这里的最强的主雄猴——大花嘴。经过前后 4 次较量，偏冠最终打败了大花嘴建立了自己的家庭。之后的一段时间，偏冠几乎和这里的每个主雄猴以及光棍群里大公猴都交过手，赢得“斗战胜佛”的美誉。

又是一年的发情期，猴群中上位之战即将开幕。全雄单元里的成年雄猴，时刻准备挑战拥有家庭的主雄猴，抢占它们的家庭。而主雄猴们早已枕戈待旦，捍卫家庭。滇金丝猴的社会中，没有一成不变的王者，也没用永远的失败者。

断手来到这片陌生的猴群，没有丝毫的胆怯，一对眼睛充满凶光，时刻警惕周围的一切。但刚进入猴群的断手在表面上表现得很是规矩，没有任何异常。可仅两天后它发起的迅猛攻击表明，这不过只是断手野心的短暂伪装。现在的断手显然比以前成熟稳重多了，闲余时，它会花大量时间观察猴群中的每个家庭和每只主雄猴。不仅如此，断手计谋手段也多了起来，每天早上和中午，它都会在树枝间跳来跳去，使劲晃动树干，炫耀自己的力量，在猴群中营造出种种紧张的气氛。

平静的猴群因断手的加入再起风浪。一天早晨，光棍群里的一只猴子闯入偏冠家附近。此猴身宽体阔、雄壮威武，可更让猴群注意的是它竟然只有一只手。不错，这正是断手来了。它身虽残，志却坚。断手也要为自己争取一次。断手的第一战的对手便是“斗战胜佛”——偏冠。此时，断手迎来一个绝佳的机会，那就是偏冠在之前和大花嘴的几次较量中，受到了重创，元气大伤，还没有恢复过来。虽然有些“趁猴之危”的嫌疑，可是断手管不了这么多了。自然界的竞争不同情弱者，胜者为王。

偏冠像往常一样，带领家人轻松地觅食、歇息。突然间，断手出其不意攻向偏冠。双方搏斗出现了前所未有的激烈场面，断手和偏冠从大树间打到草地上，又从草地上打到大树间，格斗声震耳欲聋，猴群所有的家庭都慌忙远远地避让开。突然，偏冠在猛击对手时失去了平衡，身体从高大的树上直挺挺地坠落下来，重重地砸在地面上。最终偏冠的左臂骨折，头部、脸部皮开肉绽，争斗也因此停了下来。断手取代了偏冠，直接成为猴群地位最高的主雄猴。

作为胜者的断手一下子包揽了偏冠的 4 个老婆——毛脸、偏脸、圆脸、零庚，暂时拥有了家庭，但这并不意味着原偏冠的老婆就肯接纳断手。开始时，断手试图接近它们，但常常会受到这些雌性的联合攻击。

断手虽然击败了偏冠，可是它也付出了极大的代价，头部被抓伤。此刻的断手已经精疲力竭，它需要几天时间才能恢复过来。可是，它没有时间了。断手没有经验，它以为打赢了偏冠就可以一劳永逸，因此疏于对周围的提防。此刻的断手之所以能赢，很大程度上因为偏冠在之前的战斗中受伤了，它捡了一个便宜。

和断手一起进入猴群的黄毛，眼见断手的成功，倍受鼓舞。它一直算是断手的跟班，当年在光棍群的时候，它和断手还有壮壮是一起玩耍的好伙伴。黄毛和断手同时到达响古箐，它胆子比较小，它摸不清群里的主雄猴们底细，不敢与它们交手。

可是对于断手，黄毛是非常了解的，它和断手来自同一个猴群，清楚地知道断手的强项和弱点。最重要的是，断手刚刚和偏冠大战完，还没来得及恢复，此时下手无疑是一个绝佳的机会。

眼前的断手沉浸在胜利的喜悦中，完全没有意识到危险在向它慢慢靠近。黄毛趁断手立足未稳，发动进攻了。它悄悄地来到断手身边，对断手发起突然袭击。断手猝不及防，被黄毛击倒。断手只有一只胳膊，一旦被击倒，它很难翻身。在长期的打斗玩耍中，黄毛深知断手的这一弱点。于是利用这次机会，突然袭击，将断手打倒，而后黄毛死死地摁住断手，不让其翻身。

断手完全没有预料到黄毛会向它发起攻击，猝不及防被打翻在地。它想动弹，可是被黄毛死死地压在地面上，翻不过身。仅凭着一支左臂，它无法推开黄毛强有力的双手。这是断手最耻辱的一战。就这样被黄毛压在地下有 3 分钟。不得已，断手求饶，它只能向黄毛屈服。

雌猴们看到战争的结果，它们倾向于胜利者。此战过后，断手家的两只雌猴立即跟随黄毛离去。竞争与合作都是大自然的法则。在一起流浪的时候，它们必须合作才能获得生存的权利。而到了响古箐这个稳定的猴群，只有拥有家庭才可以将自己的基因传递下去。它们面临竞争，必须争夺。这关乎后代的繁衍。对雄猴来说，配偶的数量越多，它们的生存利益越大。而大自然又不同情弱小，一切要靠竞争获取。滇金丝猴的社会中处处充满了竞争。雌猴虽多，可是两级分化比较严重。那些威武雄壮的大公猴可以妻妾成群，而很多光棍群的猴子一生可能都无法成家立业。它们必须竞争。此时断手还不明白这其中的道理，它之后的粗暴，引发了一个猴群的大忌。而它又会遭到怎样的惩罚？

▲ 家庭－朱平芬　拍摄

博士有话说

如何拥有自己的家庭

在滇金丝猴社会中，主雄猴不允许全雄单元的雄猴进入自己的“后宫”，它们希望长期拥有“后宫”，以此让自己的繁殖利益最大化。作为回应，全雄单元里的挑战者会采取不同的策略以接近繁殖的雌猴。这些策略有：① 挑战主雄猴完成主雄更替接管它的后宫；② 吸引成年雌猴临时或者永远远离它原来的丈夫；③ 通过胁迫绑架亚成年雌猴或年轻成年雌猴。知己知彼方能百战不殆。由于挑战者猴和主雄猴的直接对决是非常激烈的，很多时候会受伤，甚至闹出“猴命”。因此战前挑战者也会选择不同的策略，评估主雄猴的竞争能力以及成功的可能性。挑战者需要评估对手的实力，包括目标主雄猴在猴群中的等级排名、力量，它和“后宫”之间的联盟关系。在滇金丝猴中，雄性的红唇也是它们评估的一项指标。

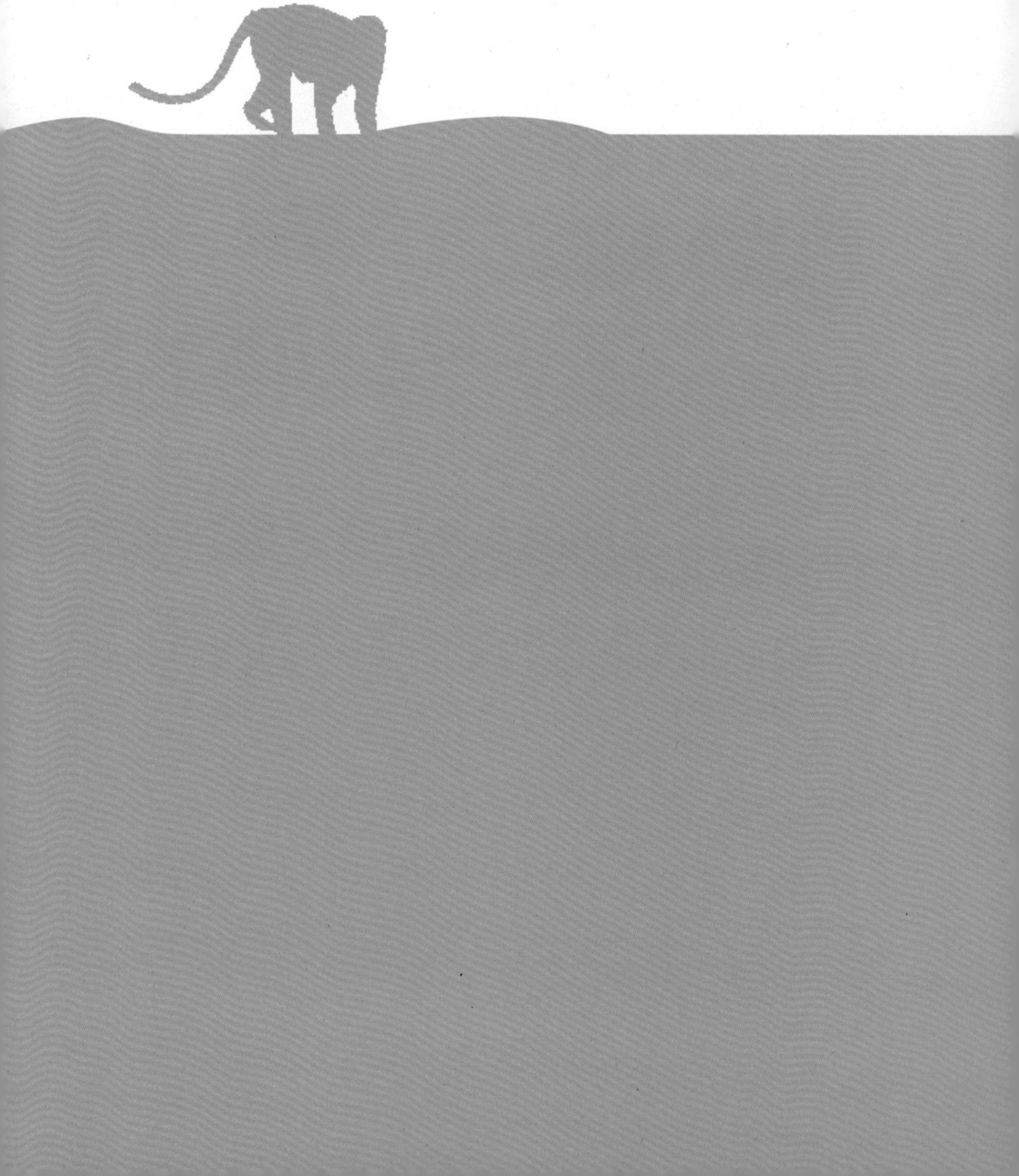

妻子离开

刚刚成为主雄的断手接二连三地遭到了打击。它还需要学习如何做一个成功的主雄猴。

▲ 雄性打架 – 朱平芬　拍摄

所谓打江山不易，守江山更难。在之前的战斗中，断手被黄毛打败，家中两个雌猴也离开了。然而，这仅仅是个开始，接下来断手面临的形势更加严峻。那些光棍群里的雄猴们觉得断手之所以能够击败偏冠，并不是因为它有多强，而是因为偏冠已经受伤，断手是趁虚而入，侥幸获胜。此刻，光棍群里的公猴们又躁动起来了。这些公猴经过权衡，它们认为除断手外，其他家庭的主雄猴，如联合国、红脸、大个子等年富力强，四肢健全，地位不可撼动。于是，大公猴们将断手视为取代的主要目标。从断手被黄毛打败后，全雄单元的公猴们就不断地向断手发起挑战。

午后，红点来到断手家附近，红点虽然打斗本领一般，可是它的头脑在整个猴群中可是数一数二地聪明。在前期的较量中，聪明的红点发现了断手的致命弱点——断手在树上格斗的本领很差。的确如此，每次打斗中，断手总是在地面上解决对手。这次，趁着断手到树上休息，红点抓住这一有利时机，迅速从树枝间快速奔来，对断手发动袭击。仅有一只手的断手无法在树枝上灵活移动，这一弱点在树上被无限放大了。打斗中断手的头部被红点划开一个 5 厘米长的伤口。

第二天，红点乘着昨日胜利的威风，再次向断手发起挑战。事实证明，红点的脑子好使，但是打架不是它的强项。这次红点没那么幸运了，断手早有防备，红点失败而归。红点见武力不能完全战胜断手，决定智取，它开始密谋拐走断手的另外两个老婆圆脸和零庚。

外忧刚去，内患又起。断手刚战胜了红点，不料家里的小母猴零庚由于受惊吓过度，跑到另一个家庭的领地去了。失去老婆的断手变得格外暴躁，为了警告剩下的妻子，它两次向妻子圆脸发起攻击。断手的冲动酿成了大祸，给红点的“阴谋”提供了绝佳的机会。红点这几日一直在外面游说圆脸，可屡屡失败。但遭受到断手殴打后，圆脸需要重新思考了。对于母猴而言，最需要的是一个安稳的家，一个可以保护自己的主雄猴。如今断手在外面吃了败仗，回头对自己的妻子发火。圆脸感到这个家庭不再安全，于是带着女儿一起偷偷地离开了。圆脸先是到了猴群的边缘地带和等候在那里的红点汇合，随后加入红点的家庭。断手的家庭再次遭到分裂，这比打了败仗还难受。

在滇金丝猴群中，雌性个体大多具有血缘关系。这是因为猴群中雌猴不离开家庭，自然不会离开猴群。当家庭变动时，这些雌猴还可以散入不同家庭中。久而久之，整个猴群中的雌性都具有一定的血缘关系。另外，没有哪只主雄猴会嫌弃自己老婆多，这就意味着，雌猴无论到哪个家庭都会受到接纳。这就成为制约滇金丝猴社会的一个机制。如果哪只主雄猴虐待家庭雌猴或杀婴，它很可能就会“妻离子散”。

经历了兄弟的背叛，妻子的离去，断手的“猴生”跌落到低谷。它是就此消沉，还是重新站起来，或许只有时间才知晓。

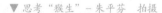

▼ 思考“猴生” – 朱平芬 拍摄

▲ 红脸一家 - 夏万才　拍摄

猴儿的世界也有“婚外情”

滇金丝猴家庭的主雄猴主要通过阻止家庭外性行为的发生来维持交配权，确保自身繁殖成功。主雄猴对于勾引自己老婆的雄猴毫不手软，一旦发现，立即威胁、殴打、驱赶。但是对于群体内的老婆要温柔的多，即便是发现有“婚外情”，也从来不进行殴打。除了偶然的“婚外情”外，“离婚”的例子在滇金丝猴的社会中也经常上演。在主雄猴的尽力维持下，结构松散的“后宫”中仍会出现雌性迁移。原断手家庭的3个雌性个体和红脸家的1个雌性个体在观察期内离开原家庭，跟随原全雄单元个体红点组成了新的家庭。这种非主雄猴替换引起的雌性迁移，体现了重层社会中外婚制和近亲繁殖回避机制的存在，它有利于增加雌性自身的繁殖机会，也有助于增加整个种群的进化适合度。

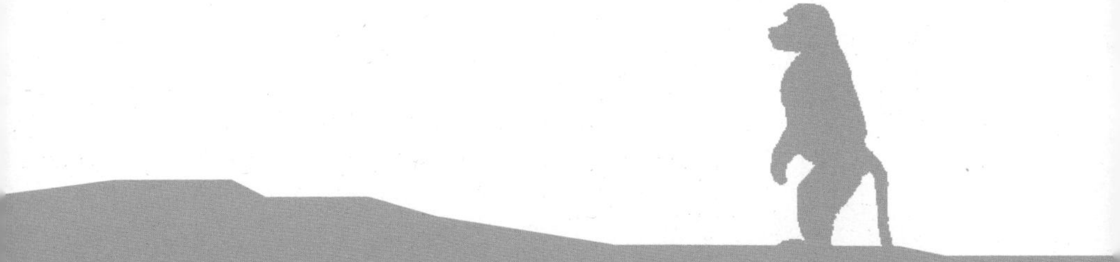

东山再起

断手又回来了。它要用实力来证明自己在响古箐也是响当当的一只主雄猴。

▲ 断手和老婆 – 赵序茅　拍摄

就这样，断手刚刚组建的家庭被拆散了。在上次和黄毛、红点的打斗中，断手受了伤，更可气的是老婆又被抢走，它显得有些颓废，不如往常那样活跃。痛定思痛，知错能改，断手开始反思怎样才能做一个合格的家长。它开始改过自新，逐渐恢复斗志，显示出家长的风姿。

在诸位主雄猴中，刚刚成立家庭的黄毛反而显得格外低调。因为，它明白自己的实力还不足以与其他的主雄猴相抗衡。即便是从断手那里抢到了老婆，也是趁人之危，并不是真正地打败了对手，胜之不武。每次猴群迁移的时候，黄毛总是自发地走在猴群的边缘地带，主动避开断手。

可是，断手却不吃这一套，夺妻之恨怎能不报。断手总是出现在黄毛家庭的附近。看到断手在树下，黄毛深知自己不是对手，躲在树上不敢下来。黄毛家走在前面，断手也总是紧跟其后。黄毛家若是掉队，断手就在不远处观望。

这一天的早晨，断手吃饱喝足之后，开始在黄毛家周围徘徊。它的活动引起了黄毛的警觉。黄毛没有料到断手在这么短的时间内就恢复了体力，它有些发怵，可是在老婆面前不能软弱。黄毛发起了进攻，它呲着牙，喉咙中发出低沉的吼叫，加速助跑，后腿蹬地，冲向断手。面对黄毛突如其来的进攻，断手刚刚站稳，不料黄毛的前爪已经抓住了断手的颈部。

身经百战的断手，并没有被黄毛突如其来的攻势吓倒。断手站到地面的一个树桩上居高临下傲视黄毛。“天时不如地利”，断手知道自己在树上打斗不行，所以一旦遇到紧急情况，它首先会到地面上，占据有利的地形。世言 “天下武功，无快不破”，断手的打斗风格可用三个字“快、准、狠”来形容。它在战斗中所凭借的，一是强壮的左臂，二是锋利的牙齿。断手失去右臂，使得它日常生活全靠左臂，因而它的左臂比其他猴子更加强壮。

但见断手把全身力量集中在左臂上，以静制动，一把摁住黄毛的头。黄毛的攻势就这样被老道的断手轻而易举地化解了。紧接着，断手一口咬住黄毛的脖子。黄毛连一个回合都不到，就败下阵来，沿着山谷逃出数百米，鲜血洒了一路。“宜将剩勇追穷寇，不可沽名学霸王”。断手乘胜追击，一来它要教训下这个不知道天高地厚的家伙，二来，它也要让一旁看热闹的其他主雄猴明白自己不是那么好欺负的。为了震慑全雄单元里那些蠢蠢欲动的大公猴们，断手必须彻底击败黄毛。

断手绕着山谷撵了黄毛好几圈，直到把黄毛逼到河边，远离猴群。此刻，黄毛上天无路，入地无门，只能背水一战。可是，即便是黄毛做出殊死一搏，依旧无法抵抗断手的进攻。打斗中，断手在黄毛的下唇咬出了一个近 1 厘米宽的豁口。黄毛的鲜红的唇肉外翻，鲜血直流。断手没有就此收手，它想要置黄毛于死地。黄毛危险了。

断手再次摆出迎战的姿势。黄毛背靠一块大岩石，趴伏在地上表示屈服。见到对方屈服，断手也消气了。断手没有进攻，30 秒后黄毛转身离去。

黄毛的家庭的雌猴再次跟随断手，断手重新拥有了家庭。断手十分清楚，自己能瞬间成为一方霸主，但也能瞬间成为流浪汉，它必须巩固自己在家庭和猴群中的地位。断手独自坐在离雌猴较近的地方，等待机会接近。断手很快就有了机会，毛脸开始接纳它，主动向断手邀配。随着毛脸和断手的交合，其他雌猴不再排斥断手，开始接受它。直到这一刻，断手的家长位置才变得名副其实。赢得了家庭的独臂大侠断手，经过自己的努力，获得了老婆们的拥戴。

▲ 雄性给雌性理毛 – 朱平芬　拍摄

此时的断手真是春风得意，它一改往日的低调，开始率领自己的家庭成员争取更好的觅食地。断手像英雄一样接管了原属于偏冠的地盘，家庭成员像迎接王者一样簇拥着它。

断手如愿以偿，它在响古箐实现了作为滇金丝猴一辈子的梦想——成家立业。它历尽艰辛，流浪到此，出战告捷，击败了群里最有势力的猴子，拥有了自己的家庭。

为此，断手一方面每天抽出一些时间，猛烈摇晃树干向猴群中的雄猴炫耀自己的强大；一方面精心照料家庭中包括偏冠后代在内的每一个成员，为家人寻找和争夺更多的食物，保护家人不受任何侵害。

断手的努力拼搏取得了很好的效果。几年来，其他家庭的主雄猴家长换了又换，唯独断手稳稳地坐在主雄猴的位置上，其间虽然不断有猴前来挑战，可是始终没有撼动它的主雄地位。在断手的全力呵护下，全家竟一次次闯过生死关，成为猴群中最安稳和睦的家庭。断手的奋斗终于获得回报，第二年 3 月，一只年轻的母猴为断手生下了第一个孩子，紧接着另一只母猴生下了断手的第二个孩子，整个家庭都沉浸在万分欣喜的气氛中。家里"产妇"多了，吃饭的成

▼ 颇具一家之主风范的断手 – 夏万才　拍摄

员也多了，断手的担子也更重了。虽然在家里断手拥有绝对权威，但它依旧不辞辛劳地担负着守护家人的重担，一如既往地细心照料着每个成员。

觅食的时候，断手只能用左臂从树上拿起食物。在树上采食嫩叶和花芽时，它无法像别的猴子那样，一手抓牢枝条，一手摘取食物。尤其是在猴群转移夜宿地的时候，断手总是走在家庭的最后。它的妻子、孩子都能轻松地从一棵树跳到另一棵树，而断手却因为缺少一个可以抓牢树枝、减轻缓冲的前肢，在跳跃前不得不犹豫再三。就是这样的断手，登上了让众猴可望而不可即的主雄宝座。断手正是凭借它不懈的努力，才战胜了一个又一个强大的对手，保护了家庭的完整。即便如此，滇金丝猴中没有不被取代的主雄猴，这只是时间的问题。因为，滇金丝猴群中，时刻充满着竞争，没有一劳永逸的家庭，也没有不可战胜的王者。

此后，断手经历了大大小小的上百场战斗。无论是争抢地盘还是争夺家庭，不管是单挑还是面对群殴，断手始终立于不败之地。在猴群中，断手打出了威名，没有一个大公猴敢小觑它，甚至连那些家庭主雄猴，遇见断手也有意避让。

这，就是断手的故事。

▲ 本书作者与滇金丝猴－夏万才　拍摄

博士有话说

主雄更替

主雄更替就是在不断的失败、挑战、再失败、再挑战的过程中循环往复……很多雄猴在打斗的过程中身负重伤，甚至失去生命，再也没有机会拥有家庭。朱平芬博士观察、记录到 48 次主雄更替的战斗，涉及 7 个挑战者猴和 10 只主雄猴。主雄更替战从 1 天持续到 10 天不等，大多数的战斗在 1 天内解决。在 40 次失败的挑战期中，大多数是温和的打斗，其中有接近、盯着、咬牙齿、有限追逐。在这之后，挑战者猴会与主雄猴进行高强度、激烈的战斗来抢占其“后宫”。在成功替换的几个例子中，挑战者猴与主雄猴之间的冲突远比失败的情况更激烈，经常会造成打斗双方受伤甚至死亡。与此相比，在失败的案例中，挑战者猴和主雄猴之间多是轻度低风险的遭遇。这种互动更像是挑战者猴对于主雄猴的一种评估，试探它的武力。